河北省社会科学基金项目
“京津冀及周边地区大气污染预测及治理效率研究”
（编号：HB19YJ036）

京津冀及周边地区大气污染预测及治理效率研究

杨念 刘超 黄宇嫣 ◎ 著

中国财经出版传媒集团
经济科学出版社
Economic Science Press
·北京·

图书在版编目（CIP）数据

京津冀及周边地区大气污染预测及治理效率研究／杨念，刘超，黄宇嫣著．--北京：经济科学出版社，2024.3

ISBN 978-7-5218-5724-5

Ⅰ.①京… Ⅱ.①杨… ②刘… ③黄… Ⅲ.①空气污染控制-研究-华北地区 Ⅳ.①X510.6

中国国家版本馆CIP数据核字(2024)第061878号

责任编辑：汪武静
责任校对：徐　昕　王京宁
责任印制：邱　天

京津冀及周边地区大气污染预测及治理效率研究
杨　念　刘　超　黄宇嫣　著
经济科学出版社出版、发行　新华书店经销
社址：北京市海淀区阜成路甲28号　邮编：100142
总编部电话：010-88191217　发行部电话：010-88191522
网址：www.esp.com.cn
电子邮箱：esp@esp.com.cn
天猫网店：经济科学出版社旗舰店
网址：http://jjkxcbs.tmall.com
固安华明印业有限公司印装
710×1000　16开　13印张　200000字
2024年3月第1版　2024年3月第1次印刷
ISBN 978-7-5218-5724-5　定价：56.00元
（图书出现印装问题，本社负责调换。电话：010-88191545）

前言

PREFACE

我国工业的发展、人口的增加、能源的过度开采和不合理利用，带来了诸多的环境问题，其中以大气污染最为严重，不仅影响了人们的正常生活，还阻碍了经济的可持续发展，特别是自2013年起，肆虐的雾霾已经成为大气污染的顽疾，引发全球的关注。世界卫生组织建议各国将PM10的年平均浓度降至每立方米20微克，将PM2.5的年平均浓度降至每立方米10微克。在其发布的《全球空气污染数据库》中，收录了我国158座城市的数据，其中只有两座城市达到了前者标准，无一城市达到后者标准。面对严重的空气质量问题，国家相继出台了多项大气治理的相关政策、法规、标准、规划方案等，通过各省（区、市）之间精诚合作和点滴积累，全国人民全力配合，我国的大气治理纵向实现了自我超越，横向得到了世界的认可。

京津冀城市群是我国三大城市群之一，也是我国空气污染较严重的地区之一，传播范围广、涉及人口多，影响程度高，大气污染治理成为了社会各界广泛关注的热点问题。"蓝天保卫战"在全国范围内如火如荼进行中，京津冀地区致力于优化产业结构、实施清洁能源替代、整治"散乱污"企业等方面，成绩显著，屡屡实现自我超越。2013年，环境保护部联合多部委发布《京津冀及周边地区落实大气污染防治行动计划实施细则》，后多年连续发布《京津冀及周边地区秋冬季大气污染综合治理攻坚行动方案》。随着多项大气污染治理政策的颁布，京津冀城市群大气污染治理的模式也发生了转变，从原来的“各自为政”，转变为现在的联防联控、协同减排。然而，与全国其他城市和地区相比较，京津冀地区大气污染物浓度仍然较高，空气质量仍有很大改善空间。根据2023年生态环境部公布的全国空气质量状况报告中，针对168个重点城市的年度空气质量评估结果显示，京津冀地区的空气质量相对较差，占据了后20名中的较大比例。河北省有4个城市位列这168个城市的空气质量排名后20位，分别是石家庄排名第13位，沧州排名第14位，保定排名第17位，邢台排名第19位。

本书共分六章：

第一章，绪论。绪论是本书的提纲，主要包含四部分内容：一是介绍了选题的背景；二是介绍了本书的研究目的和研究意义；三是阐述了本书的研究对象和主要内容；四是说明了本书的贡献和创新。

第二章，文献回顾与述评。基于citespace软件，分别从大气污染预测和大气污染治理两个方面包含模型预测方法、多尺度预测、系统集成预测、大气污染排放源治理、大气污染治理效率及影响因素、大气污染监测与评估、新能源的开发和创新等七个视角对文献进行梳理与评述。

第三章，京津冀及周边地区大气污染现状。本章以2014~2021京津冀及周边地区空气污染相关数据为基础，对主要污染物PM2.5、PM10、NO_2、SO_2、O_3、CO等的时间变化特征进行了分析，并分析了空气质量指数时空演变特征以及京津冀地区大气污染的相关性及关联度，为后文的实证分析奠定现实基础。

第四章，京津冀及周边地区大气污染预测。本章在对北京市、天津市、河北省、河南省、山东省、山西省六省（市）大气污染现状进行分析的基础上，构建了选择多元线性回归模型、随机森林模型、AdaBoost、GBDT、XGBoost、BP神经网络等空气质量预测模型；经比较后选取预测效果较好的随机森林、AdaBoost与BP神经网络模型并使用网格搜索与K折交叉法进行调优，确定使用随机森林模型进行模型构造与解释。结果显示：（1）废气治理投资与降低排污对于空气质量改善影响最大；（2）社会经济发展水平与气候条件对空气质量改善具有影响，但影响较低。因此，政府应当增加对于污染治理的重视程度，采取增加污染治理投入，鼓励企业选择绿色生产方式降低二氧化硫、氮氧化物等排放等政策，同时注重社会经济发展与人居环境改善。

第五章，京津冀及周边地区大气污染治理效率及影响因素。本章包含京津冀及周边地区大气污染治理效率测算及影响因素分析两部分内容，第一部分采用两阶段的SBM超效率模型对大气污染治理效率进行了研究。研究结果显示，京津冀及周边地区的大气污染治理效率整体较高，但是不同地区之间存在明显差异。北京市、廊坊市、沧州市、滨州市等地区的大气污染治理效率较高，而邯郸市、聊城市等经济欠发达地区的大气污染治理效率较低，是京津冀地区大气污染治理的关键地区。第二部分采用Tobit回归模型，从经济发展、产业结构、科技创新、对外开放、环境规制和空间集聚几个角度选取大气污染治理效率的影响因素。结果显示，根据程度判断依次为经济发展、空间聚集、产业结构和科技创新四个指标，外商直接投资和环境规制的影响并不显著。

第六章，京津冀及周边地区大气污染协同治理对策研究。本章在对全书的研究结论进行概括归纳的基础上，分别从政府管理、科研投入和经济发展等层面提出京津冀及周边地区大气污染协同治理的对策建议。

外部性问题是城市群大气治理的难点，破解之道在于行政区之间的综合治理，正确测算京津冀及周边地区的减排效率，识别京津冀城市群大气污染治理效率的关键影响因素，对深化京津冀城市群大气污染防治协同治理具有促进作用，对有效治理大气污染有重要意义。鉴于此，本书以《京津冀及周边地区秋冬季大气污染综合治理攻坚行动方案》规定的“2+26”市（包括北京市、天津市、河北省的石家庄市、唐山市、廊坊市、保定市、沧州市、衡水市、邢台市、邯郸市，山西省的太原市、阳泉市、长治市、晋城市，山东省的济南市、淄博市、济宁市、德州市、聊城市、滨州市、菏泽市，河南省的郑州市、开封市、安阳市、鹤壁市、新乡市、焦作市、濮阳市）空间范围内的大气污染情况和治理效率为研究对象。理论方面，尝试完善大气污染统计指标体系和大气治理效率评价指标体系，增强此领域研究成果的可比性。实践方面，对提升京津冀及周边地区的大气治理效率，提高居民生活、工作质量，深化京津冀地区大气污染防治协作机制有重要意义。

本次撰写中河北金融学院在校生陈泽、康嘉铭、徐雯、景子怡、阳乐、张馨幻、周林、李冰、李璐瑶、石欣瑶等人分别参与了部分资料的整理工作，我们对他们作出的贡献表示衷心感谢。

目录

CONTENTS

第一章 绪论

第一节 研究背景

21 世纪以来，经济发展与生态保护之间的矛盾日益突出，实现经济与生态环境协调发展，保障经济发展与生态保护之间的良性循环，是我国各地区面临的一个紧迫问题。2013 年 9 月，国务院印发的《大气污染防治行动计划》被认为是新时代中国治理大气环境的开创性文件。随后，2018 年 6 月，中共中央、国务院印发《打赢蓝天保卫战三年行动计划》，该文件表达了党和政府治理大气污染的决心，维护大气环境安全的重要性再次被提升。目前，中国逐渐搭建起了具有中国特色的大气污染防治体系，为降低大气污染物排放，中国加强了高耗能、高污染行业的监管，积极推进能源结构调整，制定了一系列严格的节能环保指标，坚持预警与响应相结合的原则。

京津冀及周边地区作为大气污染较为严重的地区，其大气污染问题成为亟待解决的环境问题。京津冀地区的大气污染问题主要集中在两个方面：一是工业排放；二是交通尾气排放。工业排放主要来自工矿企业和能源发电厂，其产生的废气和废水中含有大量的有害物质，如 SO_2、氮氧化物等。而交通尾气排放主要来自汽车和摩托车等机动车辆，其排放的 CO、挥发性有机物和颗粒物等，这些有害物质对空气质量产生了严重的影响。京津冀及周边地区的大气污染治理也成为了社会各界广泛关注的热点问题。2013 年，环境保护部联合多部委发布《京津冀及周边地区落实大气污染防治行动计划实施细则》，后多年连续发布《京津冀及周边地区秋冬季大气污染综合治理攻坚行动方案》（以下简称《方案》），“蓝天保卫战”在全国范围内如火如荼地进行中，京津冀地区致力于优化产业结构、实施清洁能源替代、整治“散乱污”企业等方面，成绩显著，屡屡实现自我超越。自多项大气污染治理政策实施以来，京津冀地区雾霾天气明显减少，空气质量显著改善，京津冀及周边地区大气污染治理的模式也发生了转变，从原来的“各自为政”，转变为现在的联防联控、协同减排。然而，京津冀及周边地区是中国发展最为集中的区域之一，也是人口密度最高的区域之一，与全国其他城市和地区相比较，京津冀及周边地区大气污染物浓度仍然较高，根据最新公布的全国 360 座已监测空气质量的城市排名，京津冀地区的空气质量均为“良”，其中河北省的 6 座城市以及北京市、天津市，在最差排名中位于前 100 位，京津冀及周边地区空气质量仍有很大改善空间。

科学有效地评估和测算京津冀及周边地区的大气污染治理效率，识别京津冀及周边地区大气污染治理效率的关键影响因素，对于深化京津冀及周边地区大气污染防治协同治理具有促进作用，对有效治理大气污染，推进环境保护工作具有重要意义。本书以《方案》规定的范围“2 + 26”市（含河北省定州市、辛集市，河南省济源市）空间范围内的大气污染情况和治理效率为研究对象。通过科学的方法和工具，更好地评估和改进大气污染治理措施。

因此，本书采用科学有效的方法对大气污染治理效率进行评价，通过利用收集到的京津冀及周边地区各个单位的相关数据，建立 DEA 模型，计算各个单位的综合评价值，通过比较各个单位的综合评价值与最优绩效之间的差距，得出各单位的治理效率，对京津冀及周边地区“2 + 26”市的大气污染治理效率进行测算与分析。在二阶段 DEA 模型基础上，采用 Tobit 回归识别和分析影响治理效率的因素，最后，基于实证分析的结果为京津冀城市群大气治理提出政策建议，以期推动京津冀及周边地区可持续发展，为实现气候变化和环境友好型社会做出贡献。

第二节 研究目的与研究意义

一、研究目的

本书拟通过对数据进行广泛、详细的收集和系统的统计分析，剖析京津冀及周边地区的大气污染和治理现状，研究目的主要有以下四个方面。

第一，在研究的可行性和技术的实用性中寻求最佳平衡点，构建大气污染统计指标体系和大气治理效率评价指标体系，增强研究成果的可比性。

第二，预测京津冀及周边地区的大气污染情况，客观判定大气污染趋势。

第三，测算京津冀及周边地区大气治理效率，科学评价治理措施的有效性。

第四，分析京津冀及周边地区大气治理效率的影响因素，全面剖析大气治理存在的问题，以便于提出具有针对性、有效性的治理措施，进而推动京津冀及周边地区大气污染联防联控工作的开展，提高治理效率，改善空气质量。

二、研究意义

本书拟利用大量数据对京津冀及周边地区的大气污染治理效率进行预测和测算，并分析大气污染治理效率的影响因素。理论方面，尝试完善大气污染统计指标体系和大气治理效率评价指标体系，本书提出了相对完善的大气污染统计指标体系和大气污染治理效率评价指标体系，以更好地反映大气治理效果，结合京津冀及周边地区的实际情况，确保数据的准确性和可比性，提高此领域研究成果的可比性。实践方面，本书根据研究结果提出针对性的治理措施，对提高京津冀及周边地区的大气治理效率，改善居民生活环境，提高居民生活、工作质量，深化京津冀地区大气污染防治协作机制有重要意义。

第三节 研究对象与研究内容

一、研究对象

以《京津冀及周边地区2018～2019年秋冬季大气污染综合治理攻坚行动方案》的实施范围——京津冀及周边地区，共计“2+26”市（包括北京市，天津市，河北省石家庄市、唐山市、廊坊市、保定市、沧州市、衡水市、邢台市、邯郸市，山西省太原市、阳泉市、长治市、晋城市，山东省济南市、淄博市、济宁市、德州市、聊城市、滨州市、菏泽市，河南省郑州市、开封市、安阳市、鹤壁市、新乡市、焦作市、濮阳市）空间范围内的大气污染情况和治理效率为研究对象。

二、研究内容

本书基于“结构—过程—效果”的框架，对京津冀及周边地区大气污染和治理效率进行分析，力图客观剖析治理效率方面存在的问题，具体内容包括六个方面：

内容一，梳理文献资料。关于大气污染预测和治理效率方面的研究，目前已经有较为丰富的成果，本书应用EndNote软件对现有的国内外文献进行高效的有机整合，为项目的开展提供科学的理论基础。

内容二，分析大气污染现状。主要从京津冀及周边地区大气污染物时间变化特征、时空演变特征和京津冀及周边地区大气污染的相关性及关联度三个方面进行分析。为兼顾数据的可得性和研究成果的可比性，根据《GB 3095—1996 环境空气质量标准》，结合京津冀及周边地区自然环境、经济发展水平及环境功能等因素，以环境空气污染物基本项目和其他项目为基础，构建大气污染指标体系。通过收集并整理中国环境监测总站、地方环境监测中心、《中国生态环境状况公报》《中国气象年鉴》等权威机构或者资料公布的数据，分析京津冀及周边地区各个城市的大气污染情况。

内容三，预测大气污染趋势。以内容二构建的大气污染指标体系中的污染物为监测对象，采用神经网络模型预测京津冀及周边地区各个城市的污染物浓度，并通过预测值和实测值的比较，不断对模型进行改进，直至具有较好的拟合效果和较小的误差。最后进行实际预测，以判断京津冀及周边地区大气污染的趋势。

内容四，测算大气治理效率。以内容二构建的大气污染指标体系中的污染物为范围，将其去除量和排放量的比值去除比作为产出指标；以大气治理的从业人员数、投资额、设施使用量等因素代表大气治理人力、物力和财力的投入情况作为投入指标，构建大气治理效率评价指标体系，选用非径向、非角度的 SBM 模型测算京津冀及周边地区大气治理效率。

内容五，剖析大气治理效率影响因素。以内容四测算的大气污染治理效率为被解释变量，根据内容一梳理的理论基础和研究成果，选择经济水平、科技水平、产业结构等因素为解释变量，采用 DEA-Tobit 分析法，利用面板数据分析京津冀及周边地区大气治理效率的影响因素。

内容六，提出京津冀及周边地区大气治理对策建议。根据全书的研究结论，提出符合京津冀及周边地区实际情况的提高大气治理效率的对策建议。

三、研究方法与技术路线

（一）研究方法

归纳总结法：对国内外研究进展和相关的理论采取归纳总结的方法，

进行系统的梳理和总结，寻找可行性和实用性的最佳结合点，构建大气污染统计指标体系和大气治理效率评价指标体系，为开展大气治理效率的深入研究奠定扎实的理论基础。

图表分析法：用统计图表形式显示京津冀及周边地区大气污染物时间变化特征、大气污染物时空演变特征和京津冀地区大气污染的相关性及关联度三个方面，从各方面比较、分析和研究量的变化及其规律。对于京津冀及周边地区的大气污染问题加强京津冀及周边地区的区域协同治理，共同制定和实施空气污染防治措施提供理论依据。

比较分析法：对京津冀及周边地区的大气污染和治理效率进行横向比较，同时通过预测进行纵向比较，客观判断京津冀及周边地区大气治理成效。

定量分析法：选用非径向、非角度的 SBM 模型测算大气治理效率。

SBM 模型分非径向、非角度含义是：在目标约束中考虑投入和产出的松弛，解决了传统 DEA 径向缩减的缺陷，并且 SBM 模型能够同时从投入和产出角度改进决策单元的投入和产出数量。设有 n 个 DMU，每个 DMU 有 m 种投入，k 种产出，X 为投入向量。

$X=(x_{ij})\in R^{m\times n}$；$Y$ 为投入向量，$Y=(y_{ij})\in R^{m\times n}, x_{ij}, y_{ij}>0$，生产可能性集合如式（1－1）所示：

$$P=\{(x,y)\mid x\geqslant X\lambda, y\geqslant Y\lambda, \lambda\geqslant 0\} \tag{1-1}$$

设(x_0, y_0)为第 j_0 个 DMU 的投入产出数据，如式（1－2）所示。

$$x_0=X\lambda+s^-; y_0=Y\lambda-s^+ \tag{1-2}$$

其中，s^-、s^+分别代表投入过程和产出不足，即松弛（slacks），s^-、$s^+\geqslant 0$，$\lambda\geqslant 0$。规模报酬不变（CRS）情况下的 SBM 模型形式如下。

$$\min\rho=\frac{1-\frac{1}{m}\sum_{i=1}^{m}\frac{s_i^-}{x_{i0}}}{1-\frac{\frac{1}{k}\sum_{r=1}^{k}s_r^+}{y_{r0}}}, s.t\begin{cases}x_0=X\lambda+s^-\\ y_0=Y\lambda-s^+\\ \lambda\geqslant 0, s^-\geqslant 0, s^+\geqslant 0\end{cases} \tag{1-3}$$

其中，ρ 为模型计算出的效率值，s_i^- 为松弛投入 s^- 的元素，s_r^+ 为松弛产

出 s^+ 的元素。

（二）技术路线

本书的技术路线如图 1.1 所示：

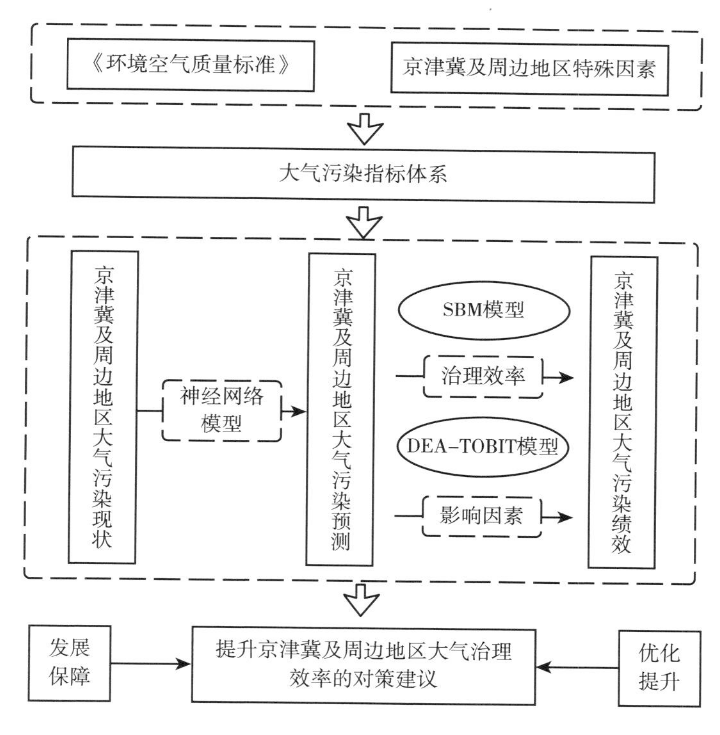

图 1.1　本书技术路线

第四节 研究贡献与创新

第一，在研究内容方面，现有的研究成果中，关于大气污染和治理效率的指标，学者的选择不尽相同，因此研究结论缺乏可比性。本书以《GB 3095—1996 环境空气质量标准》为基础，结合京津冀及周边地区的特殊因素，构建大气污染指标体系，分析京津冀及周边地区大气污染现状，预测大气污染趋势，在此基础上构建大气治理效率评价指标体系，在研究的可行性和技术的实用性中寻求最佳平衡点。

第二，在研究对象方面，现有成果的研究范围多为省域层面，很少涉及区域，特别是缺少关于京津冀及周边地区的大气污染和治理效率的研究，本书以京津冀城市群及周边城市为研究对象，预测大气污染趋势，测算治理效率，分析影响因素，以期为京津冀及周边地区大气污染预测和治理提供参考。

第二章 文献回顾与述评 02

大气污染已经成为全球性的环境问题，对人类健康与生态环境都造成了严重的影响，因此，提高大气污染治理效率，实现可持续发展至关重要。近年来，国内外不少学者从不同角度对大气污染治理效率问题进行了研究，本书主要集中在大气污染预测与大气污染治理两个方面进行阐述。

第一节 大气污染预测与大气治理相关研究

本书在知网中以“大气污染预测”“大气治理”为检索对象，对学者论文中关键词部分进行检索，选取2013～2023年有效记录，共计1499条。通过对于领域关键词的探究与整理，借助citespace软件提取相关论文的高频关键词，并对提取出的关键词进行可视化分析，研究大气污染预测与大气治理领域的研究热点。

一、研究关键词聚类图谱

使用citespace软件对热点关键词进行聚类分析，能够将相关研究者的研究内容进行整理和聚类，最终获得如图2.1所示的7个聚类：

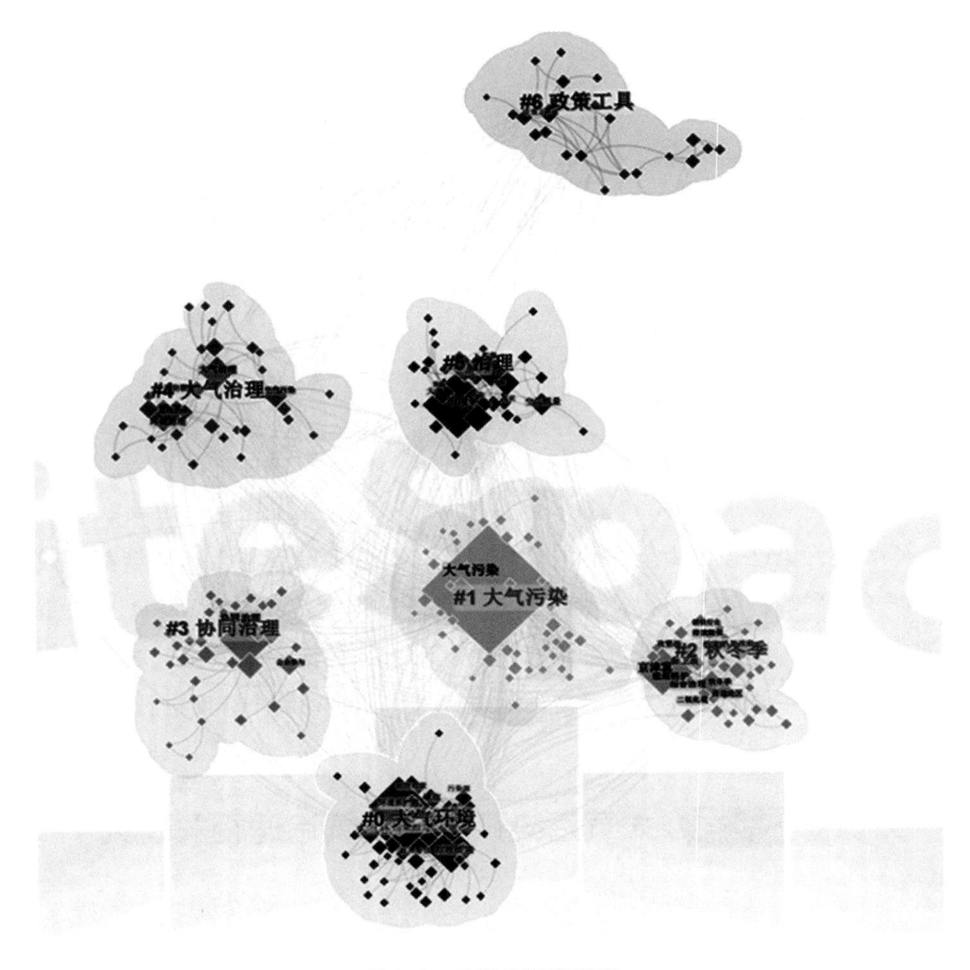

图 2.1　关键词聚类图谱

“大气环境”聚类，size = 56，平均轮廓 = 0.719，平均年份为 2016，涵盖的关键词主要为：环境保护，污染治理，治理方法，治理措施，治理对策，城市，污染源；

“大气污染”聚类，size = 50，平均轮廓 = 0.689，平均年份为 2016，涵盖的关键词主要为：大气污染、治理政策、节能减排、工业化国家、区域联防联控；

“秋冬季”聚类，size = 41，平均轮廓 = 0.858，平均年份为 2014，涵盖的关键词主要为：大气污染、治理政策、节能减排、工业化国家、区域联防联控环境监测、交易成本、乡村振兴、“绿岛”、区域联防联控；

“协同治理”聚类，size = 38，平均轮廓 = 0.781，平均年份为 2017，涵盖的关键词主要为：协同治理、激励机制、区域大气污染、协同减排、跨区域大气污染；

“大气治理”聚类，size = 35，平均轮廓 = 0.701，平均年份为 2015，涵盖的关键词主要为：大气治理、公共传播、区域联防联控、问题对策、排污权期货；

“治理”聚类，size = 34，平均轮廓 = 0.787，平均年份为 2014，涵盖的关键词主要为：大气治理、公共传播、区域联防联控、问题对策、排污权期货；

“政策工具”聚类，size = 22，平均轮廓 = 0.839，平均年份为 2016，涵盖的关键词主要为：政策工具、整合程度、协同程度、强制程度、优化选择。

根据关键词聚类图谱，以及对于研究关键词的突变词研究，可知：词频最高的 5 个有效词条为“大气环境”“大气污染”“秋冬季”“协同治理”“大气治理”；从现有研究范围来看，学者对大气污染预测及治理效率的主要研究方向是大气污染现状、成因及其协同防治等。

二、研究热点关键词突变图谱

通过对大气污染预测及治理效率“研究热点管检测突变图谱”的研究发现，在以 $\gamma = 0.2$ 的情况下，共出现十个突变词。其中“公众参与”“空气质量”“周边地区”“秋冬季”为 2013 ~ 2022 年研究热点词，这表明公众参与、地区差异、季节因素、空气质量等一直是大气污染相关研究的重点。“污染源”“环保局”是 2013 ~ 2017 年研究热点词，占比强度较大，这表明如何发挥政府治理的作用在大气污染研究领域受到关注。“作用”“成因”为 2018 ~ 2022 年的研究热点，这表明在这一阶段学者对于大气污染的成因以及大气污染对于其他领域的影响作用等问题较为关注。“环境监测”为 2018 年至今的研究热点且在筛选的参考文献中占比强度极大，这表明如何实现对大气污染状况的动态监测成为了该阶段的主要热点。由此可知，我国学者对于大气污染相关领域研究经历了“关注现状”“群众参与和政府治理”“环境监测”“成因探究”的阶段变化，这也反映了我国对于大气污染防治认识的加深，我国的大气污染问题研究正从治理走向监测与预防的变革。

三、研究热点时间线可视化图谱

图 2. 3 中显示了对于“大气污染预测及治理效率”领域研究的热点时间演进趋势。根据对于“大气污染预测及治理效率”研究热点时间线可视化图谱的分析发现，从 2013 ~ 2023 年的国内外相关研究大致为两个阶段。

引用率最高的10个关键词

关键词	年份	强度	开始年份	结束年份	2013~2023
公众参与	2013	3.67	2013	2022	
污染源	2013	3.61	2013	2017	
环保局	2013	3.29	2013	2017	
空气质量	2013	3.00	2013	2022	
周边地区	2013	2.99	2013	2022	
秋冬季	2013	2.90	2013	2022	
环境监测	2013	10.62	2018	2023	
作用	2018	4.52	2018	2022	
应用	2018	3.58	2018	2023	
成因	2013	2.75	2018	2022	

图 2. 2　2013 ~ 2023 年热点关键词突变图谱

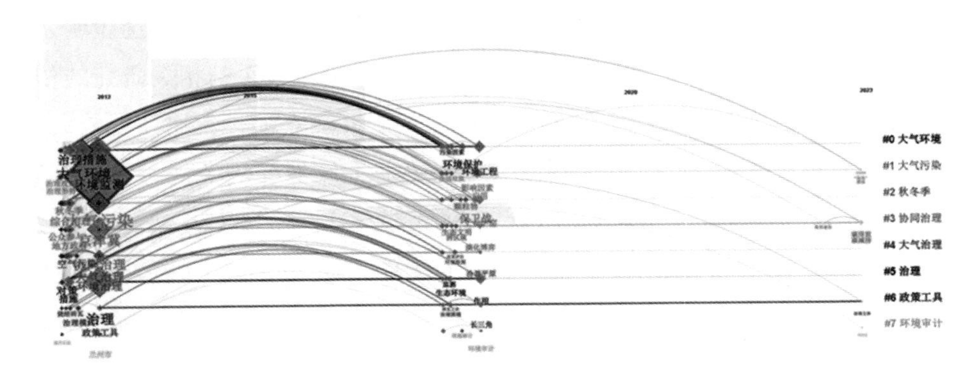

图 2. 3　热点时间线可视化图谱

第一阶段为 2013 ~ 2018 年，这一阶段学者对于“大气污染预测的污染防治”进行各种方向的探索，研究发文数量表现为爆发状态，研究热点也呈现出多元化的趋势。由“研究热点时间线可视化图谱”可知，这一阶段“大气污染预测及污染防治”主要围绕大气环境、大气污染、环境监测、对策措施等方向开展研究。研究方向多样化，但研究主题都是针对如何治理现阶段的大气污染。

第二阶段为 2019 年至今，这一阶段对于生态环境的长久性治理和预防性监测进行了探索。

环境工程、环境保护、生态文明跨区域、环境检测、生态环境监测、环境审计等针对大气污染研究的新方向出现，表明学者对于大气污染的研究已经从事后治理到事前预测方向过渡。对于污染治理、生活垃圾等传统的污染治理措施仍在开展，但研究发文数量较少。

伴随着社会的发展进步，城市大气污染问题日益严重，已经严重威胁到了人类的健康和生态系统的可持续发展。邓倩（2014）生态文明的根基是环境，人离开了良好的环境就不能幸福生活。为了满足社会发展和人类生活的需要，更为了满足解决城市生态危机的需要，要寻找恢复生态的方法。为了有效预测和治理大气污染，国内外许多专家学者从不同角度给出了建议。

第二节 国内外研究现状综述

一、大气污染预测

（一）模型预测方法

当前的大气污染预测模型主要包括物理模型、机械学习模型、深度学习模型等。张玉忠等（Zhang et al. ，2010）物理模型通过模拟大气污染物的运行轨迹和扩散来预测大气污染物可能带来的影响，从单一地形区域到复杂地形区域的污染物扩散数值模拟。蔡等（Cai et al.，2016）通过城市污染物后扩散数值模拟研究。兰热尔等（Rangel et al.，2023）利用 AER-MODVIEW 模拟软件估算巴西农村排放的 CO、PM2.5 和 NO_2 的排放扩散情况。

陈金车等（2022）利用随机森林算法和支持向量算法对长沙市 6 种空气污染浓度分别进行预报。刘梦炀等（2021）发明了融合机械学习和 LSTM 的预测方法，该方法具有数据简单，计算快等特点。卡里米·赛义德等（Karimi Saeed et al.，2023）在伊朗南部的帕尔斯能源特区采用现场采样和 AERMOD 软件数值模拟对该区域内的 CO、CO_2、NO_2 等七种污染物浓度进行季节性测试，机械学习模型有效的污染源与污染物传播间的关系。

王思远等（Wang et al.，2023）研究开发了结合注意力机制、长短期记忆单元模型和卷积神经网络的模型预测空气质量指数，提高了建模效率，将会降低计算成本。金姆等（Kim et al.，2021）利用一种基于深度学习的预测器，对北京市 PM2.5 浓度数据进行预测，结果具有较高精度，更好地适应了排放源信息的局限性和动态过程不确定的问题。阿奇姆·海达里等（Azim Heydari et al.，2021）利用长短时记忆模型和多杰优化算法混合模型预测了伊朗克尔曼一家联合循环电厂的大气污染物的排放量，结果表明该模型具有较高预测精度。

（二）多尺度预测

马西斯·帕斯基耶等（Mathis et al.，2023）基于格子—玻尔兹曼模型链对城市交通造成的废气污染通过构建 CFD 的模拟框架，以微观视角模拟城市道路交通污染物的扩散分布状况，在真实的复杂环境中可以观测到几何空间内的污染物浓度分布情况。盛笠（2022）对长江沿岸区域的人为、工业、交通空气污染物排放源进行研究，通过应用中尺度的天气预报模式和社区多尺度空气质量模拟系统结合对长江沿岸 4000 米范围内排放的大气污染排放物进行画像，分析预测了各种排放源排放空气污染物的排放比。

王孟飞（2022）结合空间回归模型探索大气污染物对心脑血管疾病的影响，基于河南省 2016~2018 年心脑血管疾病的门诊量的数据进行时空分析，研究发现，心脑血管疾病在每年的 2 ~ 5 月和 10 ~ 12 月为高发期，且病例呈现东北、西北方向多东南、西南方向少，并逐年向东南、西南方向扩散的空间分布，该轨迹与污染物扩散方向高度一致。

（三）系统集成预测

王旭坪等（2021）采用多种有监督式机器学习及改进的集成学习 Stacking 策略实现化工园区空气质量的预测，基于聚焦化工园区不同企业污染物排放实时数据，探索影响大气污染的关键因素，以预测化工园区企业污染源排放对周围大气重污染事件的影响。该方法融合气象信息，并针对不同算法的数据观测和训练原理的差异进行优化，为了获得最佳的预测效果，设计了不同层数和算法选择策略的 Stacking 方法，以构建最佳的模型组合方式，从而建立一个反映化工园区大气环境污染影响的预测模型，并对重污染事件的发展趋势进行合理预测。与单一预测模型相比，Stacking 集成方法在 MAE 和 R2 等指标上表现出更好的性能，并具有更高的稳定性，从而提高了融合结果的可靠性，通过探索不同层数和算法选择策略的 Stacking 方法，提出一种基于多模型融合的层级性有监督式学习预测方法，能够灵活有效地进行预测，提高预测的准确性和可靠性。

肖玉洁（2022）引入偏相关系数（PCAF）计算边界效应时滞，并结合粒子群算法优化的 BP 神经网络算法（PSO-BPNN）进行适应性预测，对现有的大气污染物浓度分解集成预测模型。以北京市新冠疫情初期的大气污染物浓度预测为案例，设计了两类对比实验，从预测精度、稳定性和鲁棒性三个方面对模型预测效果进行了全面的对比和评估。通过这些对比实验，深入了解不同模型的表现，并有效评估其在预测大气污染物浓度方面的能力。肖玉洁（2022）对现有的大气污染物浓度区间预测模型大多采用基于分布假设或者区间时间序列的预测方法。为避免假设分布和存在信息丢失的固有缺陷，引入 FIG 将原始时间序列划分为具有现实意义的时间窗口，再转换为模糊信息粒。然后，基于三角形隶属度函数计算 FIG 参数，结合 PSO-BPNN 得出区间预测结果。整个实验过程在新冠疫情初期北京市大气污染物浓度数据集上进行，并使用真实值覆盖率和区间宽度进行预测效果评估。结果表明：在大气污染物浓度区间预测的实际应用中，本书所提的 FIG-PSO-BPNN 模型能够实现对重度污染事件的预测，具备良好的实际适用性和优越性。

季恩泽（2020）认为提出一种基于集成经验模态分解（ensemble empirical mode decomposition，EEMD）与门控循环单元神经网络（gated recurrent unit，GRU）相结合的（EEMD-GRU）混合算法模型，算法将序列分为两部分来处理，其中 EEMD 算法来进行序列分解，由单模态分解为多模态，挖掘数据内在特征使得模型进行多模态特征学习，再用训练数据集建立 GRU 神经网络，对 PM2.5 序列分解的子模式以及气象数据长期依赖特征来建模学习，最后采用逆 EEMD 运算对各子模式预测值进行集成得到最终输出值。基于 EEMD-GRU 算法设计了一个北京市大气污染预测系统，此系统记录了气象相关历史数据，简洁清晰地向用户展示数据内容、数据分布，并能够利用论文所提算法分析数据，挖掘潜在特征，计算数据预测值，为用户提供 PM2.5 污染未来发展方向。结果表明：EEMD-GRU 算法能够精确地预测出序列的发展趋势，也更加减小了预测误差，总体表现良好，相较于其他模型预测精度更高、效果更好。

马民涛等（2010）认为利用回归分析集成技术可对区域污染现象的规律进行总结并运用规律对环境质量等相关方面进行预测。在某研究区域大气污染影响因子确定后，要解决的就是掌握有关大气污染因子之间的依存关系及依存程度。结果表示：对某种大气污染回归方程的进一步应用还表现在以下两个方面：其一是根据现有污染主要控制因素的计划用量来预测今后某一时空内大气环境质量水平；其二是可进一步根据该研究区域的大气环境总量控制目标，通过预测和调整主体燃料及其用量，为确保区域环境质量达标提供计划方面的科学依据。

二、大气污染治理

（一）大气污染排放源治理

大气污染的排放源头有许多，国内不同学者对其定义也不尽相同。孔少飞（2012）指出分析大气污染的基础是明晰大气污染源头的排放，后者越细致对于防治大气污染的方向越明晰，但是目前国内和国外的学者对于大气污染的成分谱缺乏更新和升级，大气污染排放源的相关信息十分缺乏，受限于技术和条件问题，目前大部分的成分谱并不能代表现实世界中真实的排放值。赵斌（2007）在有关华北地区的大气污染源头排放研究中，指出华北地区中北京市、天津市、河北省、河南省等地区的大气污染是非常严重的，因此对于该地区的大气污染研究，建立起新的高精度的大气污染排放源体系是非常重要的，对于制定大气污染治理措施具有非常重要的价值。该学者通过深入研究大量国内外有关大气污染的相关文献后，收集并加以整理大气污染的排放因子，通过分析和对比，追求建立起高精度的污染排放状况的排放因子体系。考虑第一产业、第二产业和第三产业的多个方面计算 SO_2、NMVOC、CO、NH_3、PM10、PM2.5 等污染物的排放量。

王长春（2018）认为大气污染与经济增长关系的大量研究结果表明，经济增长与大气污染之间存在着长期稳定的关系，经济增长是空气污染的重要原因之一，空气污染的加剧长期来看不利于经济的增长，如何实现经济在环境可持续的前提下实现经济增长可持续是一个重要的课题。深化供给侧结构性改革、提高空气污染治理效率和增强绿色金融对绿色产业的服务能力是促进经济发展与环境可持续的重要路径选择。

李茜和姚慧琴（2018）认为基于京津冀城市群 13 个城市 2013～2015 年的面板数据，采用超效率 DEA 模型测算其大气污染治理效率，并通过回归模型来分析影响大气污染治理效率的因素。结果表明：京津冀地区的大气污染治理效率整体较高，但存在较大省际差异。北京市和天津市的大气污染治理效率均实现了 DEA 有效，而河北省整体距离实现 DEA 有效还存在较大差距，只有沧州市和唐山市率先达到 DEA 有效；经济发展水平对大气污染治理效率产生显著的正向影响，产业结构升级、技术创新、人口数量和外商投资对治理效率的影响并不显著，而城市土地扩张产生显著的负向影响。谭键良（2018）认为随着城镇化进程的加快，城市大气污染越来越严重，空气质量越来越差，人民的身体健康面临着严重的威胁。并且，大气污染会使生态遭到严重的破坏，如果不能采取有效的措施对大气污染进行治理，就会使生态失去平衡。对城市大气污染的成因进行分析，并就城市大气污染的治理对策进行探讨。

马瑛琪和武以敏（2018）认为探究京津冀地区大气污染防治的效果，从投入和支出两个角度选取指标，采用以投入为导向同时包含非期望产出的双系统平行 DEA 模型，分析了京津冀地区大气治理的财税政策效果。分析结果表明，京津冀地区大气治理财税政策在静态上相对低效，动态上也存在一定不足，并在此基础上提出了相应的政策建议，即根据差异化的区域污染特征，有针对性制定和实施本地区大气治理的财政政策；着力关注河北省大气治理财政政策效果的提升；建立京津冀地区大气治理财税政策的联防联动机制。

为了确保京津冀及周边区域大气污染治理达到预期目标，2017 年 3 月，环境保护部联合发展改革委、财政部、国家能源局，以及北京市、天津市、河北省、山西省、山东省、河南省人民政府印发了《京津冀及周边地区 2017 年大气污染防治工作方案》（以下简称《2017 年工作方案》）。汲取 2016 年冬季大气污染突出的教训，《2017 年工作方案》多项措施直指冬季大气污染控制。宋国君和钱文涛（2016）认为实施排污许可证制度治理大气固定源，环境保护与循环经济，借鉴美国空气运行许可证制度的成功经验，有必要对我国空气固定源实施以排放标准为核心，以监测、记录和报告为重要内容的排污许可证制度，以促进固定源连续达标排放。

（二）大气污染治理效率及影响因素

国内目前对大气污染治理效率层面的深入探讨较少，大气污染治理是需要政府与个人全方位联结对公共物品进行治理的集体行动，是直接影响区域内城市环境质量提升的重要因素，也是随着中国经济进入高质量发展“快车道”，满足人民日益增长的美好生活需要的迫切要求，因此，有必要尽快实现多个城市之间的高度协同与有效联动，从而逐渐形成大气污染治理效率的空间关联网络。

多数学者采用“非期望产出”SBM 环境模型或 DEA 模型对大气污染

治理效率问题进行研究，从研究范围来看，主要分为全国范围内省级效率和区域范围内地市级效率两种。汪克亮等（Wang et al.，2019）将改进SBM模型、生产率指数全球马尔奎斯特—卢恩贝格（Global Malmqusit-Luenberger，GML）和面板Tobit模型相结合，全方面考察了2006～2015年中国省级大气污染排放效率的区域差异、动态演变及影响因素，通过研究发现，不同省份之间的碳排放效率存在显著差异，与该地区经济发展水平、外商投资、技术进步呈显著正相关，与能源的消费结构呈显著负相关。并且总体效率水平相对较低，同时效率差距在未来可能会有扩大趋势。郑石明和罗凯方（2017）以中国29个省份为研究对象，采用超效率DEA模型测算了29个省份的大气污染治理效率，并且对大气污染防治政策执行框架进行了描述性概括，通过运用PCSE模型滞后回归结果，得出管制性、市场型政策工具均对大气污染治理效率有正向影响，而自愿型政策工具对大气污染治理效率暂无正向影响的实证分析结果。汪克亮等（2019）以长江经济带11个省份为研究对象，采用SBM-Undesirable模型与GML生产率指数分别从静态与动态维度对该地区大气污染效率进行了研究，研究表明：长江经济带大气环境效率整体水平偏低，技术效率低是制约长江一带环境生产率提升的主要障碍，碳排放不同地区的大气环境效率有很大差别。此外，京津冀地区、长三角和珠三角地区也是国内外学者研究的重点区域。

张明斗和李学思（2023）将研究区域锁定在黄河流域，认为当前关于黄河流域污染治理的研究成果多集中于探究流域内生态环境保护与高质量发展协同以及污染影响因素及治理成效方面，但缺乏对流域内大气污染治理效率的针对性探究，因此其团队以市域为研究尺度，以黄河流域9个省（区）中的99个地级及以上城市为样本，对2005～2020年该区域的大气污染治理效率进行测度，并且采用QAP回归分析法剖析了空间关联网络的驱动因素，为全方位提升黄河流域市域大气污染协同治理能力提供了重要参考依据。

王立刚等（2023）利用DEA模型及Super-SBM模型，将2011～2015年废气治理设施数量和废气治理设施运行费用两项指标作为投入指标，将

各城市的工业 SO_2 去除量、工业 SO_2 排放量、工业氮氧化物排放量，以及工业烟、粉尘去除量和工业烟、粉尘排放量五项指标作为产出指标。得出大气污染治理效率高的城市主要位于中西部地区，珠三角、长三角等重点区域的大气污染物排放高度集中、城市之间大气污染物相互作用影响、区域污染特征呈现高度的一致性和趋同性的结论，并且认为珠三角、长三角等重点区域的大气污染治理工作面临前所未有的压力。

高旭阔和苏诗钦（2023）同样利用超效率 SBM 模型，对 2006～2015 年我国各省份大气污染治理效率进行测度，将公众参与途径纳入大气治理效率的影响因素，通过实证结果显示，公众来信未对大气污染治理效率产生显著的正向或负向影响，但社会公众来访的次数与大气污染治理效率成正比，认为上访的方式更能使政府在沟通过程中灵敏捕捉公众需求，最后有侧重地推广，邀请公众参与大气污染治理，并且针对区域差异性制定差异化公众参与政策对全方面提高大气污染治理效率具有重要意义。

都沁军和李娜（2022）基于传统的 DEA 模型，使用改进的三阶段超效率 SBM-DEA 模型，并引进非期望产出这一指标，对影响大气污染治理效率结果的环境因素和随机误差进行剔除，使每个城市处于同一水准之下，由此对京津冀及周边“2＋26”城市 2016～2019 年的工业大气污染治理效率进行测算，发现大部分城市的污染效率的技术水平和城市管理水平均在不断提升，仍具有很大的提升与发展潜力。

叶菲菲等（2021）立足于 30 个省份的大气污染治理数据，分别建立了考虑关键投入、关键产出以及同时考虑关键投入产出的大气污染治理效率模型，并且基于这三个不同的视角进行各省份的效率值与相对排名的计算，将其与未考虑关键投入产出的原始 DEA 交叉效率模型进行对比。认为考虑关键投入产出对大气污染治理效率的衡量十分必要。在看待我国的实际区域发展差异时，有针对性地对各省份的经济发展、大气污染治理投入差异进行综合分析，从而为各省份的大气污染治理效率评价提供一个更完整的评估体系，而不是均等看待每项投入产出的作用的建议。

近年来，也有部分国内外学者对治理效率的影响因素问题进行了研究，不同的学者考虑的角度不同，所选择的影响因素也不尽相同，林琼等

（2019）利用面板模型研究了人口密度、技术投入、产业化水平等六个因素对中国城市环境治理效率的影响，结果表明，技术投入、对外开放是提升城市环境治理效率的关键因素。同时，虽然其作者进行了广泛的数据收集工作，但在涵盖全国各个城市方面仍存在一定的局限性。此外，有研究表明：产业结构、对外开放水平、经济发展水平、城市土地扩张也对治理效率产生着影响。

综上所述，SBM 环境模型和 DEA 模型被广泛应用于大气污染的治理效率的研究中，两阶段 DEA 模型能够说明各地区投入和产出过程存在的问题，因此，本书采用两阶段 DEA 模型对京津冀及周边地区大气污染治理效率进行研究，并采用 Tobit 回归对大气污染治理效率的影响因素进行分析，以期为相关减排政策的制定提供参考依据。

（三）大气污染监测与评估

于宾（2023）认为环境空气监测工作的有效落实可以为大气污染治理工作的顺利开展提供数据支持和科学依据，进而保障大气污染治理工作落实的科学性、针对性和有效性，同时也可以使我们更好地了解大气污染治理的效能和作用，及时发现其中存在的欠缺和不足，并做出有效的优化和调整。因此，有效应用环境空气监测技术十分必要，这可以为大气污染治理提供更多的助力和保障。于宾（2023）分析了监测大气环境的三种主要方法即化学法、计量方法和红外光谱法分析了三种方法的优劣性与监测方法的适用性。同时阐述了大气环境监测中的不足，监测体系有待完善，监测设备不足，人员队伍有待加强，分析了相应的优化路径和解决对策。相关部门及人员应结合实际情况和实际需求对环境空气监测技术做出有效优化和调整，并在此基础上，通过完善规章制度、加强子站巡检力度、引入现代化环境监测手段等多种方式为大气环境治理保驾护航。

张月等（2023）采用双重差分法实证检验环境保护税对大气污染治理的政策效果评估。基于我国 2016～2019 年 283 个地级市样本，进一步从环境保护税税率探究不同税率导致的政策效果差异，为完善环境保护税制度提供实证依据。结果表明：环境保护税的开征能够有效改善城市的综合空气质量，但是对于具体的污染物——如 O_3 而言，治理效果却欠佳；在环境保护税税率提升的地区，大气污染治理效果更加显著，但在税率提升程度较为中等的地区，CO 和 CO_2 的治理效果亦不尽如人意；此外，针对高污染地区，环境保护税对综合空气质量、细颗粒物、NO_2 以及 O_3 的治理效果均没有得到有效改善。

罗明雄（2023）认为环境监测工作在较大程度上决定了大气污染治理措施制定的合理性。大气环境评估需要以环境监测数据作为基础，同时环境监测数据也是大气污染治理工作方案制定的重要依据。在进行大气污染防治过程中，必须重视加强对大气污染物来源的追踪与分析，此时则需要借助对环境监测技术的有效应用，进行环境数据的全面、准确测量与收集，奠定大气污染治理工作的重要基础。环境监测技术在大气污染评估中的应用，能够实现对大气污染及其变化情况的实时追踪，判断大气污染程度及发展趋势，更好地掌握大气污染的类型、程度。大气环境评估是进行大气污染质量的重要依据与基础，通过有效的大气环境评估，实现对大气污染具体情况的准确了解，并且与各个不同时间段的大气环境进行对比，更好地判断出大气污染治理措施的有效性。因此，将环境监测技术合理应用于大气环境评估过程中，有效提高大气环境评估的准确性，更好地为提高大气污染治理工作成效提供保障。

林丽衡和邱志诚（2023）通过充分利用大数据解析技术的优势，了解大气污染的状况和变化趋势，为环境治理提供科学依据。基于国家提出了加强空气质量改善的目标，城市需要深入开展“减排、压煤、抑尘、治车、控秸”五大工程，以促进科学治污、精准治污、依法治污背景下，对大气环境质量的监测，运用数据分析技术，制订出一系列有计划、有针对性的策略，从而达到降低大气环境污染的目的。结果表明：在当今世界，环保已经成为一个长期的课题。而大气污染防控作为环境治理的一个关键环节，需要将国家环保政策有效贯彻实施，实现执法监察工作有序开展。为此，我们应该积极应用大数据技术、大数据解析技术等现代科技手段，持续提升大气治理的效能，以更好地保护大气环境，同时为地方经济的可持续发展贡献力量。

（四）新能源的开发和创新

人类对能源需求的不断增长，伴随着传统能源资源的日益枯竭和环境污染的日益严重，新能源的开发与创新成为全球关注的重要课题。

郑雨嘉（2023）从可持续发展的角度进行分析，开发清洁能源、优化能源结构是未来发展的一种趋势。通过科技创新来提高清洁能源的开发与利用，不仅有利于实现从传统能源的过渡，还有利于改善当今的环境，实现绿色发展。众所周知，清洁能源及能源材料是我国新能源的关键组成部分，因此我们要大力加强清洁能源的开发利用。开发新能源和清洁、无污染的可再生能源，具有重大的理论意义和应用前景。新能源技术的发展，特别是太阳能和风能的利用，为实现清洁能源的大规模应用提供了可能。与化石燃料相比，清洁能源具有低排放、可再生和无污染的特点。通过利用太阳能和风能等新能源，可以替代传统高污染能源，实现能源生产和消费的清洁化，进而降低大气和水污染的级别。新能源的开发与创新不仅可以提供清洁能源，同时也可以改善能源效率。能源效率的提高意味着同样的能源供应下，可以实现更多的能源需求。通过改进能源技术和优化能源产业结构，新能源可以提高能源利用效率，减少资源浪费，并降低环境污染的风险。在一些地区，利用太阳能和风能等新能源，建设自给自足的能源供应系统，已经取得了显著的成效。这些系统可以通过有效利用新能源来满足当地的能源需求，无须依赖传统能源的供应。这不仅降低了对高污染能源的需求，还可以减少能源运输和分配过程中的能源损失，提高能源的利用效率。新能源的开发与创新可以与传统的污染治理技术相结合，提高污染治理效率。例如，利用太阳能驱动污水处理设备，可以减少污染物的排放，并提高污水处理的能源效率。此外，利用风能为大气污染治理设备提供动力，可以提高空气治理的效率。

新能源的开发与创新不仅仅涉及科学与技术层面，也涉及政府的政策支持和企业的投资激励。荆奇（2022）认为既要看到新能源发电利用生产过程中的高效低排放碳值和生态环保，更要关注开发、生产、制造周期中的各种高能耗、高成本投入和不成熟的新技术。要系统全面地看待我国新能源开发利用的特点、优势和制约因素，加强科研开发，稳步健康推进，避免能源浪费，结合各地实际，作出更加科学、合理、客观的发展决策。例如，对于太阳能和风能等可再生能源的发电企业，政府往往给予较高的补贴政策，以降低其成本，促进其发展。此外，政府还可以采取减免税费、提供低息贷款等方式来吸引企业和个人投资新能源领域。同时，企业的投资激励也是推动新能源发展的重要力量。很多大型企业纷纷投入到新能源研发与生产之中，以谋求未来的竞争优势。

新能源的开发和利用可以降低能源消耗和污染物排放，提高能源利用效率，但是新能源技术的成本仍然较高。需要进一步降低成本，以提高新能源技术的普及度。能源转型需要政府的支持和合理的政策环境，以推动新能源的发展和应用。此外，新能源技术还需要与传统能源技术相结合，以实现能源供应的稳定性和可靠性。只有通过持续创新和合作，才能有效提升大气污染治理效率，实现环境可持续发展的目标。卜祥宇等（2018）认为科技创新是动力，产业结构调整是途径，可持续是目的。科教兴国和人才强国是实现我国可持续发展的推动力，在当前的经济发展形势下，应加强对环境保护以及提高资源的利用率，实现能源利用和消费方式的转变。相信在不久的将来，新能源将逐渐替代传统能源，成为人类可持续发展的重要能源来源。

第三节 本章小结

本章采用 citespace 软件对在知网以“大气污染预测”“大气治理”为关键词筛选的 2013 ~2023 年共计 1499 条相关文献进行聚类分析、热点词突变研究和热点词时间线可视化分析。聚类分析共计提取出了“大气环境”“大气污染”“秋冬季”“协同治理”“大气治理”“治理”“政策工具”七个类别；热点词突变“公众参与”“空气质量”“周边地区”“秋冬季”四个研究热点词；通过热点词时间线可视化分析将“大气污染预测的污染防治”的研究分为了两个阶段，即 2013 ~2018 年的研究方向探索阶段和2018年至今的对于可持续治理和预防监测的研究阶段。

本章将大气污染预测和大气污染治理两个维度，共计七个视角对近年来国内外大气污染预测及治理效率进行文献分类检索整理：

预测方面首先根据文献分析结果总结了过去已有的一些模型预测方法，分别为物理模型、机械学习模型和深度学习模型。其次总结探究了过去研究的空间范围和研究的领域，研究发现“大气污染预测的污染防治”并不仅仅局限于地区内，城市交通和一些疾病的成因也有很高的研究价值。最后文章对系统集成预测进行了深入的探讨，涉及有监督式机械学习及改进的集成学习 Stacking 策略、BP 神经网络算法、基于集成经验模态分解和门控循环单元神经网络的混合算法和回归集成技术等方法的探究。对于本书以上的研究方法具有一定的可借鉴性。

治理方面分别从污染源头、治理效率、监测评估和清洁能源使用等方面进行文献的检索整理。关于大气污染排放源治理问题，发现过去对大气污染多与经济增长有着密切的关系，经济增长带来的城镇化进程加快，区域性的大气污染会越来越严重。然后是对大气污染治理效率及影响因素的研究，发现当前学者对大气污染治理效率层面研究较少，已有的研究多是基于区域性的研究，对本书的研究对象京津冀城市群很有借鉴参考价值。本章从大气污染监测与评估方面进行分析，大多数学者认为大气污染监测会很大程度上决定大气污染治理政策的制定，大气污染监测应该是大气污染治理环节的开端，大气污染监测和评估对大气污染治理具有引导性作用。本章从能源方面分析学者对大气污染治理的探索，能源消耗产生的污染是大气污染的主要来源，学者认为开发清洁能源，普及清洁能源的使用，逐步取代传统能源是未来能源发展的一种趋势，但这不仅需要科技的进步，还需要政策上的支持。

本书将站在大气污染联防联控、协同减排的新背景下，探索如何进一步使大气污染指标体系系统化，在当前形势下如何进一步提高城市群的大气污染预测能力，加强城市群的大气污染的治理效率。

03 第三章 京津冀及周边地区大气污染现状

现阶段，京津冀及周边地区是我国各区域中大气污染程度较为严重的区域，为进一步探究京津冀及周边地区的大气污染现状及问题，并为明确京津冀及周边地区大气治理方向，本章主要从京津冀及周边地区大气污染时间变化特征、大气污染时空演变特征和京津冀及周边地区大气污染的相关性及关联度三个方面进行分析阐述。

第一节 京津冀及周边地区大气污染时间特征分析

随着我国城市化和工业化建设的不断加快，城市的大气污染问题日益严峻，而京津冀及周边地区作为我国大气污染防治的重点地区，其工业产业密集，人口众多，空气污染问题仍较为突出。为更好探究京津冀及周边地区大气污染现状，本章根据2018年京津冀及周边地区深化大气污染控制中长期规划研究项目中首次建立的京津冀及周边地区七省（区、市）大气污染物排放清单，即确定了PM10、PM2.5、SO_2、氮氧化物、挥发性有机物、NH3、CO为京津冀地区七项污染物。基于此，并结合数据的可获得性，本章选取京津冀及周边地区2010～2021年主要大气污染物PM2.5、

PM10、NO_2、SO_2、O_3、CO浓度为指标，对京津冀及周边地区进行大气污染时间变化特征分析。

为全面探究京津冀及周边地区大气污染的时间变化特征，本节选择空气质量指数（AQI）以及空气质量达到及好于二级天数作为指标先对京津冀及周边地区整体的大气污染情况进行分析，再从PM2.5、PM10、NO_2、SO_2、O_3、CO等不同污染物的角度全面分析京津冀及周边地区大气污染物的年际变化特征、四季变化特征以及年内逐月变化特征。为详细分析京津冀及周边地区各城市的具体情况，根据京津冀及周边地区现有资料，如历年《中国统计年鉴》、国民经济和社会发展报告和政府工作报告等，从研究所需空气质量数据、气象数据、人口和社会经济发展数据和纳入指标的一致性、完整性、连续性、可分析性和可比较性等角度出发，结合京津冀及周边地区所在省份，将京津冀及周边地区划分为六大省份城市进行分析，主要包括北京市、天津市、河北省（石家庄市、唐山市、邯郸市、邢台市、保定市、沧州市、廊坊市、衡水市）、山西省（太原市、阳泉市、长治市、晋城市）、河南省（郑州市、开封市、安阳市、鹤壁市、新乡市、焦作市、濮阳市）、山东省（济南市、淄博市、济宁市、德州市、聊城市、滨州市、菏泽市）。

一、京津冀及周边地区大气污染概况

（一）京津冀及周边地区整体大气污染概况

京津冀及周边地区在近年大气污染治理成效较为显著，2014～2021年京津冀及周边地区空气质量指数水平呈现逐年递减态势，各城市存在一定差距且差异在不断缩小。2014～2021年京津冀空气质量指数AQI的数值具体来说，虽然整体趋势是增加的，但期间也有所波动。京津冀地区空气质量总体程度上好转，但是污染问题仍然不容忽视。京津冀地区空气质量指数为“轻度污染”和“良”的城市占比较多，空气质量指数较优的城市占比较少。在2017年之后，空气质量指数是“良好”的城市逐渐增加，“中度污染”和“轻度污染”的城市呈下降趋势。

空气质量达到及好于二级天数整体上呈现了改善的趋势，整体来说对于京津冀控制和减少空气污染方面取得了积极的效果。8 年间，大多数城市空气质量达到及好于二级天数较 2014 年有了显著增加。尽管某些城市个别年份有所回落，空气质量较上一年有所下降，这可能与当地的天气、地理、工业污染源等因素有关。大气环境问题的长期性、复杂性、艰巨性仍然存在，大气污染防治工作任重道远。要加强京津冀及周边地区的区域协同治理，突出精准、科学、依法治污，完善大气环境管理体系，提升污染防治能力。由于其跨城市、跨省份特点，空气污染不是一个单一城市的问题，而是一个整体的区域性问题，需要加强区域间的合作和协调，共同制定和实施空气污染防治措施。远近结合研究谋划大气污染防治路径，扎实推进产业、能源、交通绿色低碳转型，强化面源污染治理，加强源头防控，加快形成绿色低碳生产生活方式，实现环境效益、经济效益和社会效益多赢。

（二）分地区大气污染概况

1. 北京市

由图 3.1 可见，北京市空气质量指数 AQI 整体呈下降趋势，空气质量状况由轻度污染转为良好。2014 ~2021 年，北京市空气质量指数逐年变小，从 126 降低至 71，空气质量明显好转，说明北京在近年空气治理成效较为显著。自 2014 ~2020 年，北京市的空气质量达到及好于二级的天数在逐渐增加。2020 年空气质量达到及好于二级天数为 276 天，比 2014 年增加 108 天，达标天数比例为 75.4%，空气重污染天数为 10 天，比 2015 年减少 36 天，全年未出现严重污染日。从提供的数据来看，2014 ~2021 年北京市空气质量达到及好于二级的天数始终在 300 天以下，空气优良天数较少。最小值出现在 2021 年，为 79 天。空气质量较上一年有所下降，这可能与当地的天气、地理、工业污染源等因素有关。总体而言，北京市在改善空气质量和治理大气污染方面做出了持续的努力，虽然空气质量状况在 2014 ~2021 年有所波动，但空气质量在整体上是改善的。经过统一集中治理，主要污染物浓度实现大幅下降，能效水平持续提升，清洁低碳转型成效显著。

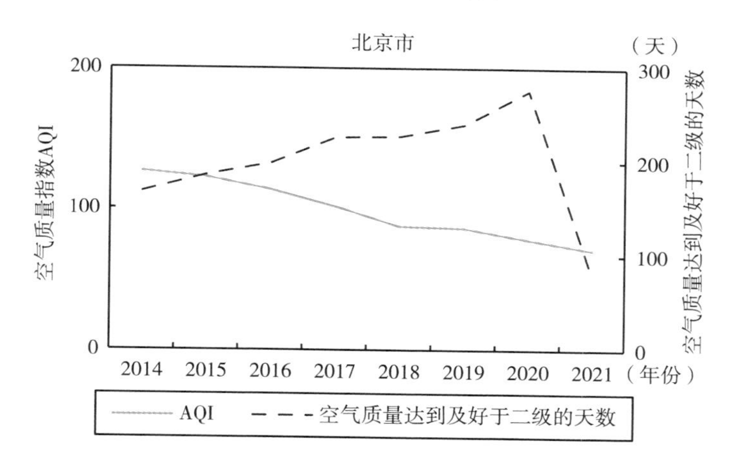

图 3.1　2014～2021 年北京市空气质量变化

资料来源：2014～2021 年《中国统计年鉴》、2014～2021 年《中国环境统计年鉴》和中国经济信息网（www.cei.cn）。

2. 天津市

由图 3.2 可见，从整体上来看，从 2014～2021 年，天津市的空气质量呈现出一种改善的趋势。其中“空气质量达到及好于二级的天数”这一指标，在 2014 年，天津市空气质量达到及好于二级的天数达到了最小值，最小值为 175 天，2014 年以后天津市空气质量不断改善，2021 年天津市空气质量优良天数达到 264 天，优良天数比率达到 72.3%，占比首次超过七成，这表明几年间天津市在空气质量方面做出了显著的努力并取得了一定程度的成功。此外，从空气质量指数 AQI 的数值来看，天津市在 2014～2021 空气质量指数有所降低，2018 年以后空气质量明显好转，且在 2021 年达到最小值 79 天。天津市空气质量在 2014～2017 年相对较差，空气质量指数在 100 以上，2014 年最大，为 122。2014 年以后天津市空气质量不断改善，但是空气质量达到及好于二级的天数始终在 300 天以下。尽管天津市在空气质量和大气治理方面取得了一定的进步，但天津市空气污染问题仍然存在，需要进一步的改善措施，继续加强环保工作，进一步改善空气质量，让环境改善由量变到质变，深入打好蓝天保卫战。

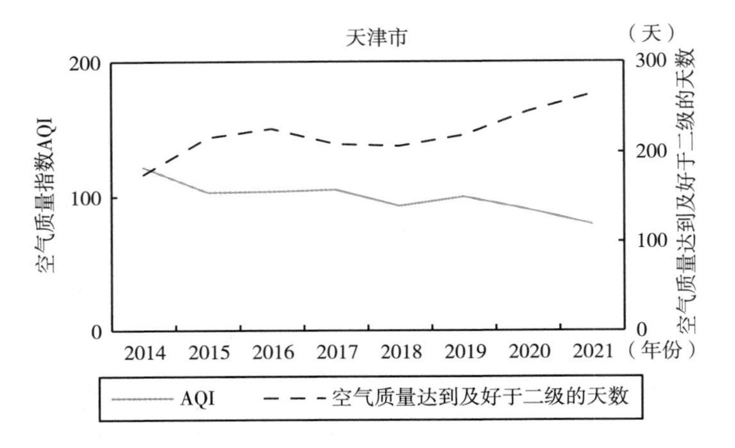

图 3.2　2014～2021 年天津市空气质量变化

资料来源：2014～2021 年《中国统计年鉴》、2014～2021 年《中国环境统计年鉴》和中国经济信息网（www. cei. cn）。

3. 河北省

由图 3.3 可见，从整体上来看，河北省空气质量指数 AQI 在 2014～2021 年整体呈下降趋势，在 2021 年石家庄市、唐山市、廊坊市、保定市、沧州市、衡水市、邢台市、邯郸市八个重点城市的空气质量评估为“良”，空气质量较 2014 年有大幅好转。同时空气质量达到及好于二级的天数”这一指标也有显著的提高，空气质量整体上呈现了改善的趋势。

从不同城市来看，石家庄市空气质量指数 AQI 的在大部分年份表现出整体下降趋势，空气质量指数在 2021 年首次低于 100。其中“空气质量达到及好于二级的天数”这一指标，在 2021 年有了显著增加，共收获 240 个二级及以上优良天气，比 2020 年增加了 35 天，这反映出石家庄市在控制和减少空气污染方面取得了积极的效果，空气质量改善幅度居全国前列。

唐山市的“空气质量达到及好于二级的天数”在 2014～2021 年整体上呈现增加的趋势。特别是在 2021 年，这一数值达到了 256 天，比 2014 年的 133 天增加了近一倍，创历年来最好水平。这表明唐山市的空气质量在这段时间内得到了显著改善。空气质量指数 AQI 在大部分年份都有所下降，自 2018 年起空气质量指数低于 100，空气质量达到良好水平。反映出唐山市在控制和减少空气污染物方面也取得了显著的成效。

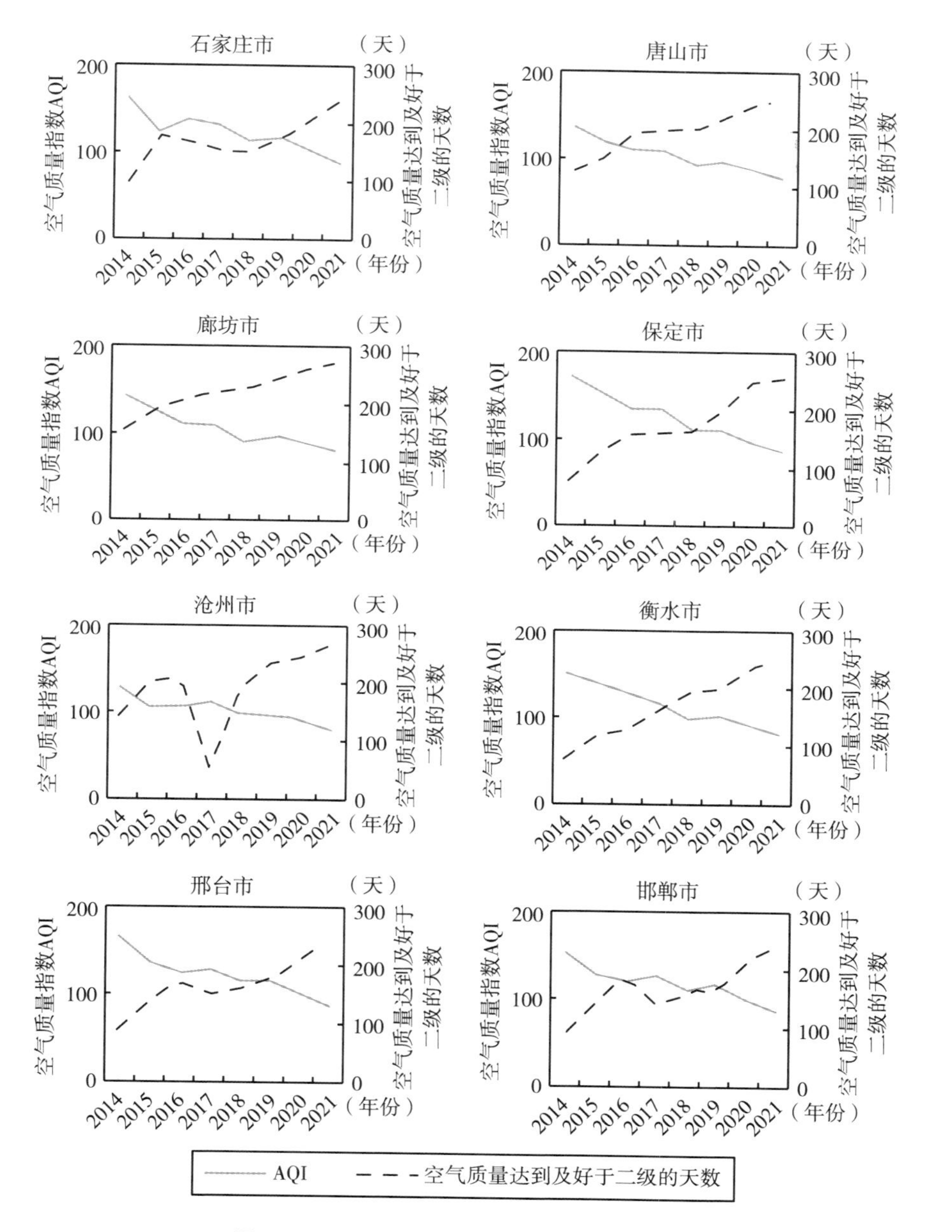

图 3.3　2014～2021 年河北省空气质量变化

资料来源：2014～2021 年《中国统计年鉴》、2014～2021 年《中国环境统计年鉴》和中国经济信息网（www.cei.cn）。

此外，廊坊市、保定市、沧州市、衡水市、邢台市、邯郸市虽然 2014～

2021 年空气质量不断改善，但是空气质量达到及好于二级的天数始终在 300 天以下，2014 ~2021 年空气质量达到及好于二级的天数一直小于 300 天。2015 ~2017 年，保定市、衡水市、邢台市和邯郸市空气质量相对较差，部分年份空气质量指数在 130 以上，2017 年以后河北省各地区空气质量指数都有不同程度的下降，2021 年，石家庄市、唐山市、廊坊市、保定市、衡水市、邢台市、邯郸市空气质量指数降至 90 以下，全省优良天数比率进入 70% 以上新阶段，全面改善了全省空气质量。

4. 山西省

由图 3.4 可见，同河北省各地区相比，山西省各地区空气质量相对较好，各年份各地区空气质量指数均在 115 以下，长治和晋城近两年空气质量不断转好，而太原和阳泉近些年空气质量指数变化不大。

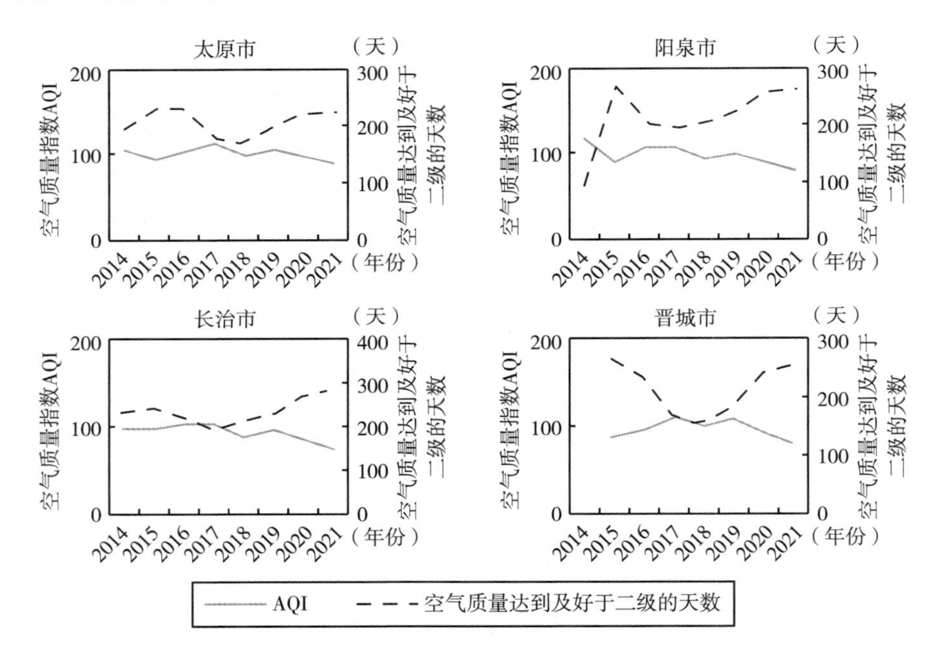

图 3.4　2014 ~2021 年山西省空气质量变化

资料来源：2014 ~2021 年《中国统计年鉴》、2014 ~2021 年《中国环境统计年鉴》和中国经济信息网（www. cei. cn）。

2014 ~2021 年，太原市和阳泉市“空气质量达到及好于二级的天数”呈现出先增长后降低又增长的变动趋势，太原市“空气质量达到及好于二级的天数”在2016年最大，为232天，而阳泉市“空气质量达到及好于二级的天数”最大值出现在2016年，为265天。太原市和阳泉市空气质量指数AQI在波动中不断下降，均于2021年出现最小值，分别为88.21和80.15。

2014~2021年，长治市、晋城市的“空气质量达到及好于二级的天数”整体呈现出“U”型变动趋势，分别在2017年和2018年出现最小值，最小值分别为195天和161天。空气质量指数AQI在波动中不断下降，2021年长治市、晋城市空气质量指数AQI最小，分别为74.85和80.9。

5. 山东省

由图3.5可见，2014~2021年，山东省各地区“空气质量达到及好于二级的天数”一直小于250天，空气质量指数AQI在整体上呈现下降趋势，各地区均在2021年达到最小值，且在92以下，空气质量整体上呈现改善的趋势，而2014~2017年，山东省空气质量相对较差，以轻度和中度污染为主。

从不同地区来看，2014~2021年，济南市、淄博市、济宁市、德州市、聊城市和滨州市“空气质量达到及好于二级的天数”均呈现出先增长后下降再增长的变动趋势，各地区均在2021年达到最大值，最大值分别为229天、222天、246天、233天、242天和245天。各地区空气质量指数AQI在波动中不断降低。

2014~2018年，菏泽市“空气质量达到及好于二级的天数”呈现出上升趋势，2019年下降至182天，2020年出现短暂上升，达到最大值232天，2021年“空气质量达到及好于二级”的天数下降至230天，2014~2021年菏泽市空气质量指数AQI整体呈现下降趋势，仅在2019年出现短暂增加，2021年降低到最小值，为91.39。

6. 河南省

由图3.6可见，2014~2021年，河南省各地区“空气质量达到及好于二级的天数”均在110天以上。郑州市、开封市、安阳市和焦作市空气质量稍差，其中，郑州市空气质量指数在2015年为135，2021年以后，郑州市、开封市、焦作市、濮阳市的空气质量指数都在90以下，而新乡市、鹤壁市和安阳市还略微大一些。

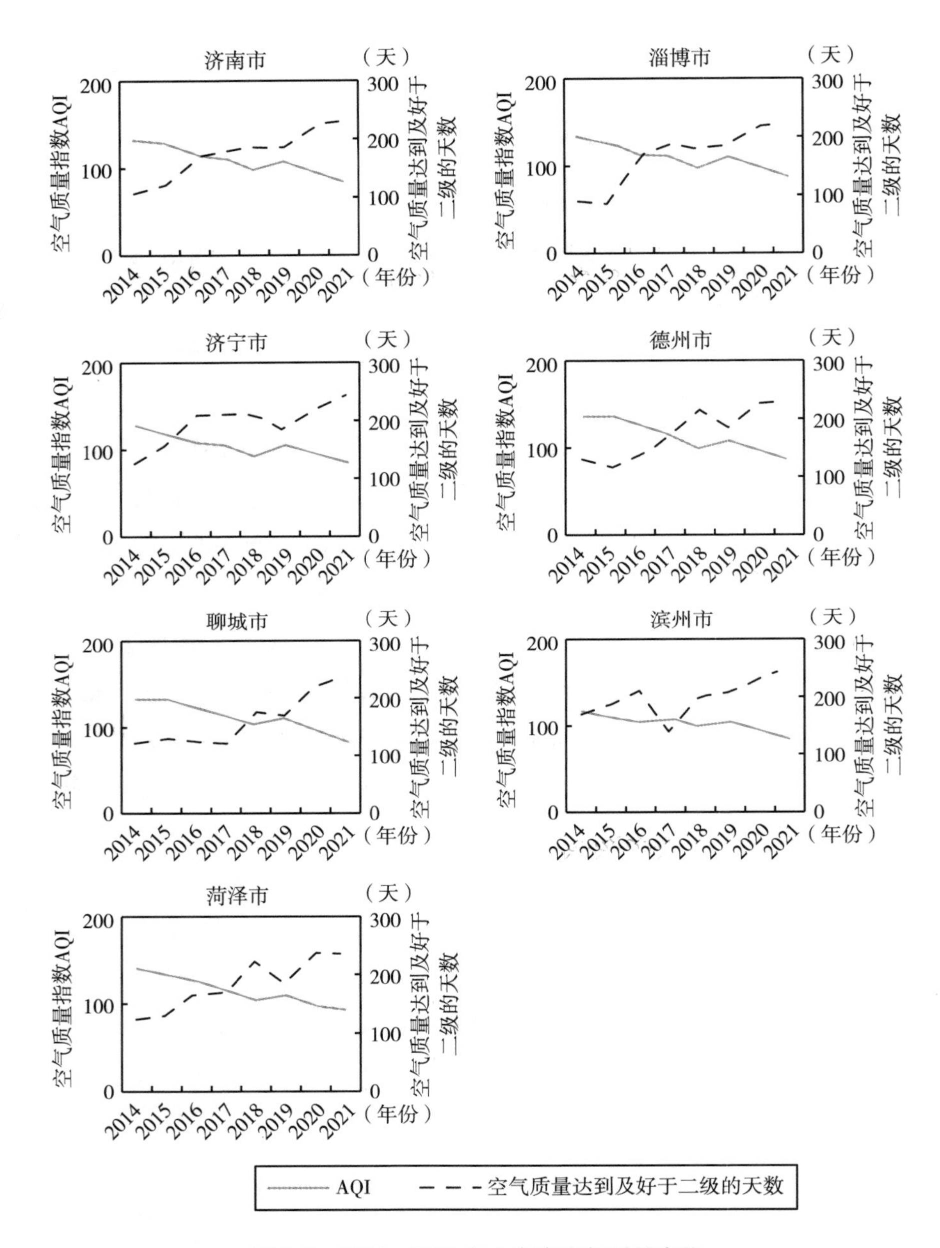

图 3.5　2014～2021 年山东省空气质量变化

资料来源：2014～2021 年《中国统计年鉴》、2014～2021 年《中国环境统计年鉴》和中国经济信息网（www.cei.cn）。

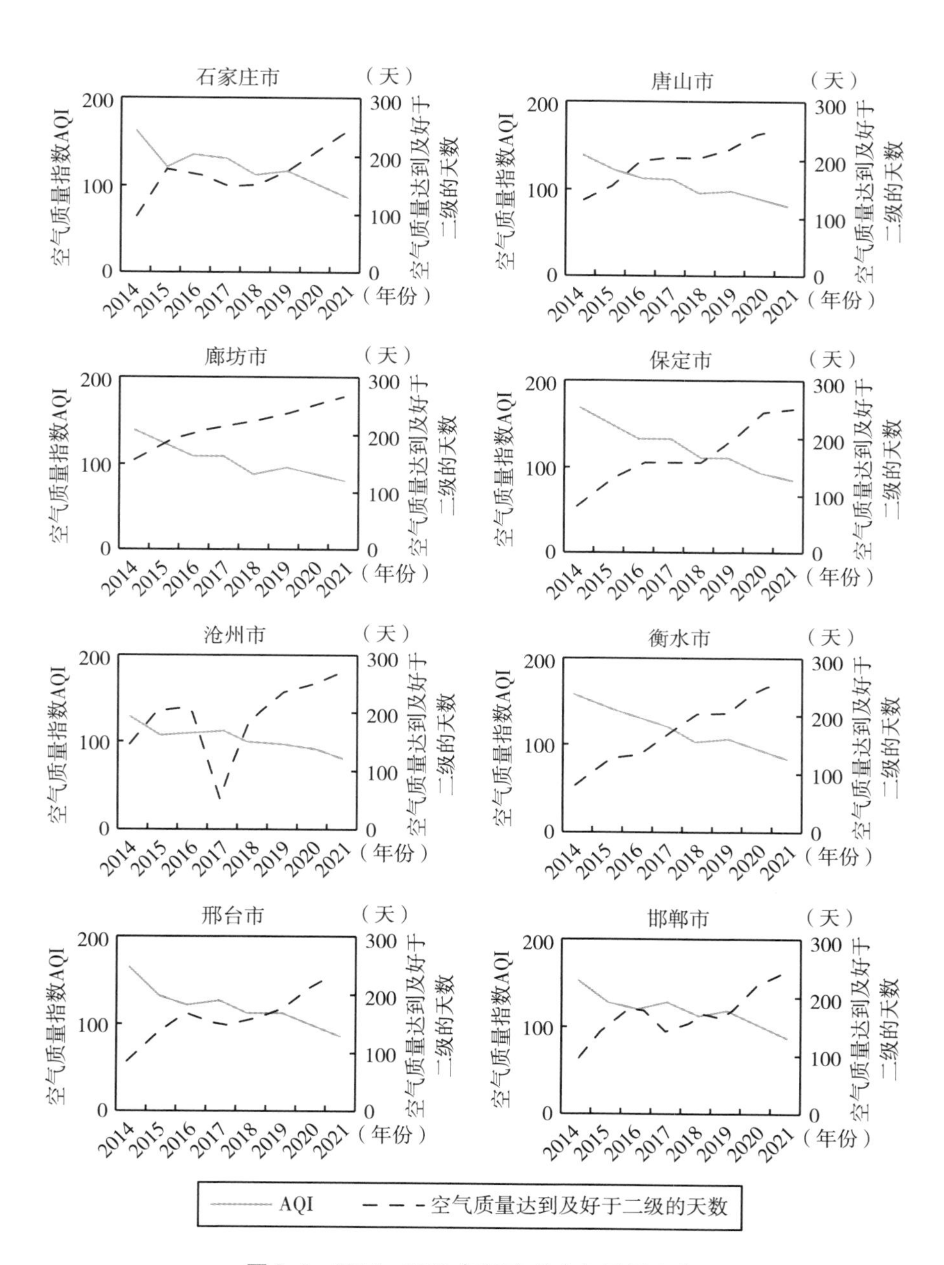

图 3.6 2014～2021 年河南省空气质量变化

资料来源：2014～2021 年《中国统计年鉴》、2014～2021 年《中国环境统计年鉴》和中国经济信息网（www. cei. cn）。

郑州市、焦作市在2014~2021年的空气质量整体上呈现了改善的趋势，“空气质量达到及好于二级天数”在波动中不断增加，2021年达到最大值，分别为237天和228天。2019年以后空气质量指数AQI持续下降，2021年达到最小值，空气质量稳步好转。

2014~2021年，开封市、安阳市、濮阳市空气质量指数AQI在波动中下降，均在2021年达到最小值。“空气质量达到及好于二级天数”呈现出先增长后下降又增长的变动趋势，开封市和濮阳市均于2021年达到最大值，分别为239天和237天，安阳市“空气质量达到及好于二级天数”在2020年最大，为195天。

鹤壁市空气质量在整个研究期间变动不大，“空气质量达到及好于二级天数”从2014年的193天增长到2021年的227天，空气质量指数AQI从2014年的102.83降低至2021年的90.11。新乡市“空气质量达到及好于二级天数”在波动中不断增加，2020年达到最大值239天。空气质量指数AQI2015年最大为127.67，2021年最小为90.1。

二、大气污染物年际变化

京津冀及周边地区大气污染物年度变化总体程度明显好转，但是仍较为严重。

（一）PM2.5年度分布

在时间维度上，京津冀及周边地区2014~2021年PM2.5的年平均浓度总体呈下降趋势，均在2021年达到最低；在空间维度上，由南至北，在地理位置上位于京津冀及周边地区北方的城市PM2.5年平均浓度明显低于在地理位置上位于京津冀及周边地区南方的城市。

由图3.7可见，2014~2021年北京市PM2.5年平均浓度逐年下降。在时间维度上，8年中，北京市PM2.5污染状况均得到很大程度的改善，从2014年的84.55$\mu g/m^3$降至2021年的30.83$\mu g/m^3$，2021年PM2.5年平均浓度值下降到国家PM2.5大气环境质量二级标准（35$\mu g/m^3$）。

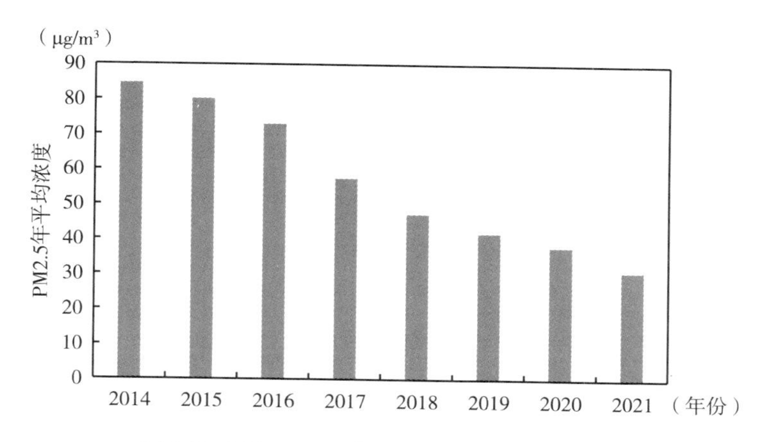

图 3.7　2014～2021 年北京市 PM2.5 年度分布

资料来源：2014～2021 年《中国统计年鉴》、2014～2021 年《中国环境统计年鉴》和中国经济信息网（www.cei.cn）。

由图 3.8 可见，2014～2021 年天津市 PM2.5 年平均浓度呈下降趋势。8 年中，天津市 PM2.5 污染状况均得到一定程度的改善，从 2014 年的 86.54μg/m³ 降至 2021 年的 37.51μg/m³，在 2019 年略有上升，PM2.5 浓度为 51.16μg/m³。

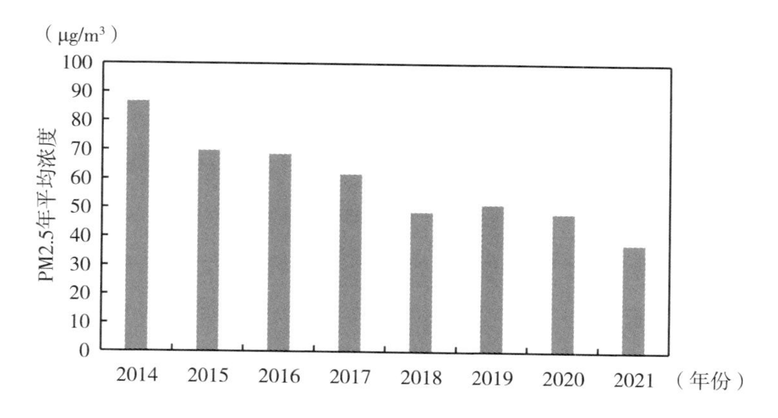

图 3.8　2014～2021 年天津市 PM2.5 年度分布

资料来源：2014～2021 年《中国统计年鉴》、2014～2021 年《中国环境统计年鉴》和中国经济信息网（www.cei.cn）。

由图 3.9 可见，2014～2021 年，河北省各市 PM2.5 污染状况均得到不同程度改善。其中，唐山市、廊坊市、保定市、沧州市、衡水市 PM2.5 年平均浓度呈逐年递减趋势。而石家庄市、邢台市、邯郸市 PM2.5 年平均浓度在 8 年中均出现小幅度上升，但整体呈下降趋势。石家庄市 2016 年有所上升，PM2.5 年平均浓度为 98.69μg/m³；邢台市在 2019 年有所上升，PM2.5 年平均浓度为 64.62μg/m³；邯郸市在 2017 年和 2019 年有所上升，2017 年 PM2.5 年平均浓度为 84.85μg/m³，2019 年 PM2.5 年平均浓度为 64.84μg/m³。这说明河北省大气污染治理虽然取得一定成效，但部分城市依然面临严峻的挑战。

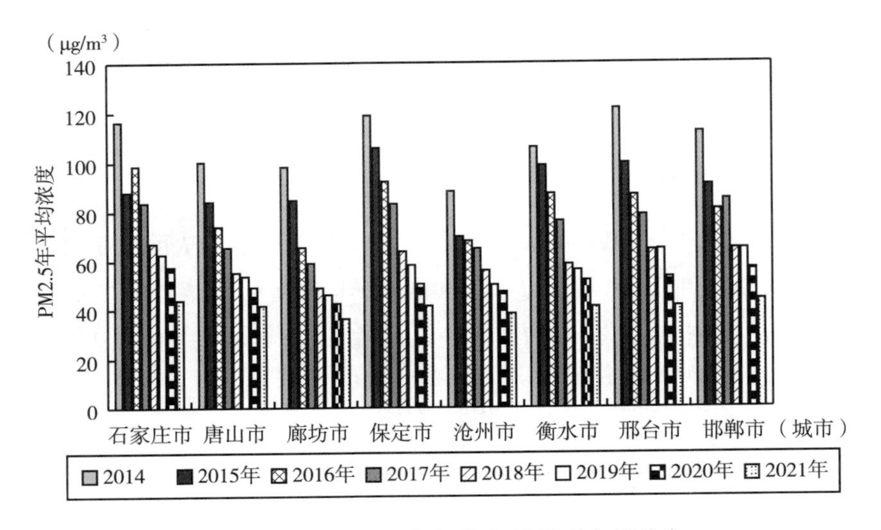

图 3.9　2014～2021 年河北省 PM2.5 年度分布

资料来源：2014～2021 年《中国统计年鉴》、2014～2021 年《中国环境统计年鉴》和中国经济信息网（www.cei.cn）。

由图 3.10 可见，2014～2021 年山西省各市 PM2.5 污染状况均得到不同程度改善。其中，太原市、阳泉市、长治市、晋城市 PM2.5 年平均浓度在 8 年中均出现小幅度上升，但整体呈下降趋势。太原市在 2016 年和 2019 年有所上升，2016 年 PM2.5 年平均浓度为 66.39μg/m³，2019 年 PM2.5 年平均浓度为 55.863μg/m³；阳泉市在 2016 年有所上升，PM2.5 年平均浓度为 64.54μg/m³；长治市在 2016 年和 2019 年有所上升，2016 年 PM2.5 年平均浓度为 68.77μg/m³，2019 年 PM2.5 年平均浓度为 47.12μg/m³；晋城市在 2016 年和 2019 年有所上升，2016 年 PM2.5 年平均浓度为

62μg/m³，2019 年 PM2.5 年平均浓度为 54.49μg/m³。整体来看，2017 年后山西省空气质量明显好转，PM2.5 年平均浓度降幅较大，这说明山西省近年来采取的大气污染治理措施得到有效实施，治理效果显而易见，但仍有较大治理空间。

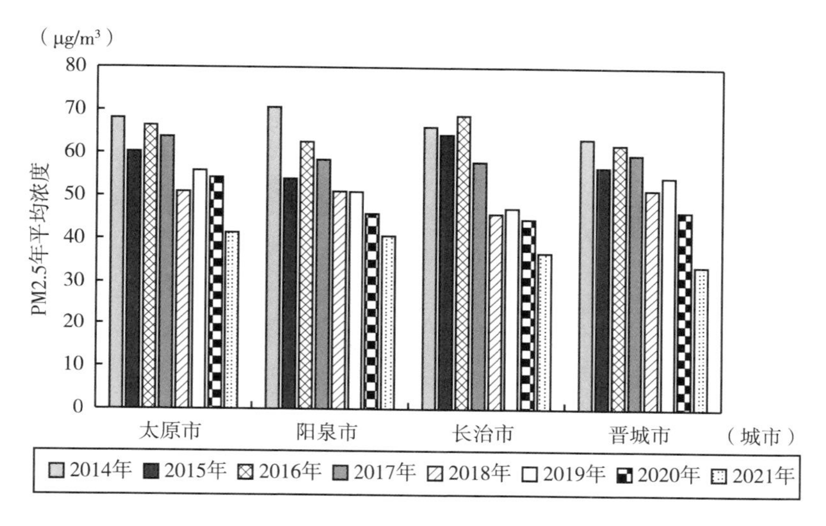

图 3.10 2014～2021 年山西省 PM2.5 年度分布

资料来源：2014～2021 年《中国统计年鉴》、2014～2021 年《中国环境统计年鉴》和中国经济信息网（www.cei.cn）。

由图 3.11 可见，2014～2021 年山东各市 PM2.5 污染状况均得到不同程度改善，PM2.5 年平均浓度整体在 40μg/m³ 以上。其中，济南市 PM2.5 年平均浓度在 2015 年出现小幅度上升，济南市、淄博市、济宁市、德州市、聊城市、滨州市、菏泽市 PM2.5 年平均浓度在 2019 年均出现小幅度上升，但整体呈下降趋势。德州市、淄博市、济南市等 PM2.5 年均浓度较高的城市，均为典型的重工业城市。此外，年均浓度最高的三个城市菏泽市、聊城市以及德州市，紧邻 PM2.5 污染严重的京津冀地区以及河南省，考虑区域输送对其浓度影响可能较大。济南市在 2015 年和 2019 年有所上升，2015 年 PM2.5 年平均浓度为 85.86μg/m³，2019 年 PM2.5 年平均浓度为 54.59μg/m³；淄博市在 2019 年有所上升，PM2.5 年平均浓度为 57.90μg/m³；济宁市在 2019 年有所上升，2019 年 PM2.5 年平均浓度为 56.69μg/m³；德州市在2019年有所上升，2019年PM2.5年平均浓度为53.34μg/m³；聊城市在2019年有所上升，PM2.5年平均浓度为58.42μg/m³；滨州市在2019年有所上升，2019年PM2.5年平均浓度为53.26μg/m³；菏泽市在2019年有所上升，2019年PM2.5年平均浓度为59.16μg/m³。整体来看，2017年后山东省空气质量明显好转，PM2.5年平均浓度降幅较大，但空气污染形势仍严峻，改善空气质量迫在眉睫。

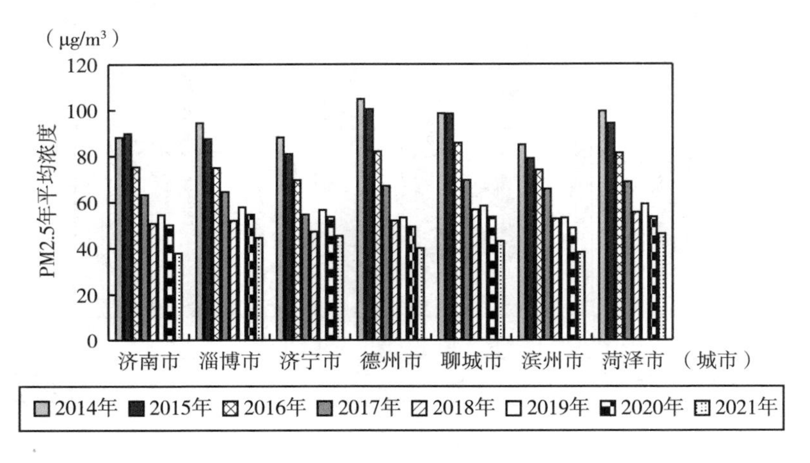

图3.11　2014~2021年山东省PM2.5年度分布

资料来源：2014~2021年《中国统计年鉴》、2014~2021年《中国环境统计年鉴》和中国经济信息网（www.cei.cn）。

由图3.12可见，2014~2021年河南省各市PM2.5污染状况均得到不同程度改善，PM2.5年平均浓度整体在40μg/m³以上。其中，郑州市、新乡市、焦作市、濮阳市PM2.5年平均浓度在2015年出现小幅度上升，分别为95.81μg/m³、93.53μg/m³、86.19μg/m³、81.09μg/m³；鹤壁市PM2.5年平均浓度在2016年出现小幅度上升，为72.86μg/m³；开封市、濮阳市PM2.5年平均浓度在2018年出现小幅度上升，分别为56.82μg/m³、57.90μg/m³；郑州市、开封市、安阳市、鹤壁市、新乡市、焦作市、濮阳市PM2.5年平均浓度在2019年均出现小幅度上升，均在50μg/m³以上，但整体呈下降趋势。这表明河南省大气污染治理虽取得一定成效，但仍需砥砺前行。

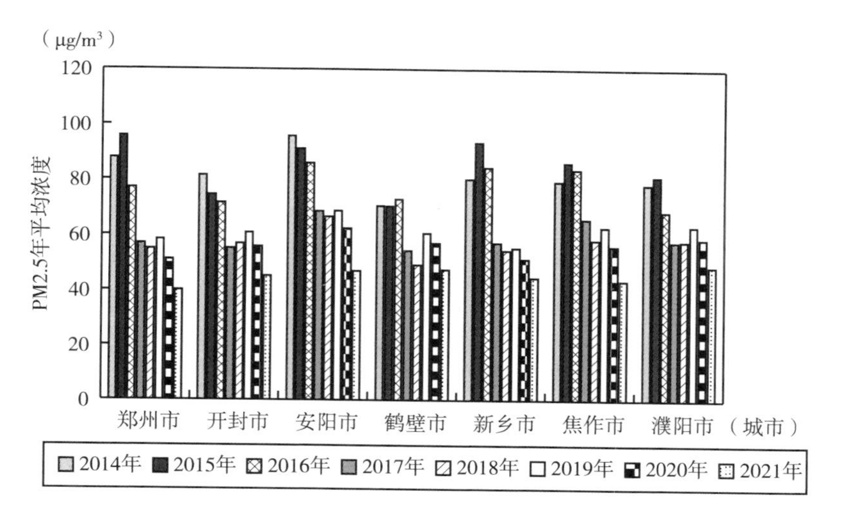

图 3.12 2014～2021 年河南省 PM2.5 年度分布

资料来源：2014～2021 年《中国统计年鉴》、2014～2021 年《中国环境统计年鉴》和中国经济信息网（www.cei.cn）。

（二）PM10 年度分布

在时间维度上，京津冀及周边地区 2014～2021 年 PM10 的年平均浓度总体呈下降趋势，均在 2021 年达到最低，且在 2021 年 28 个城市中的大部分城市 PM10 浓度达到了国家规定的大气环境质量二级标准（70μg/m³）；在空间维度上，由南至北，在地理位置上位于京津冀及周边地区北方的城市 PM10 年平均浓度明显低于在地理位置上位于京津冀及周边地区南方的城市。

由图 3.13 可见，2014～2021 年北京市 PM10 年度分布特征明显。北京市 PM10 年平均浓度在逐年降低，从 2014 年的 116.36μg/m³ 降至 2021 年的 50.72μg/m³，2019 年 PM10 年平均浓度值达到了国家规定的大气环境质量二级标准（70μg/m³）。

由图 3.14 可见，2014～2021 年天津市 PM10 平均浓度呈下降趋势，在 2019 年有所上升，为 80.39μg/m³，从 2014 年的 135.33μg/m³ 降至 2021 年的 65.82μg/m³，PM10 年平均浓度值在 2020 年达到了国家规定的大气环境质量二级标准（70μg/m³）。

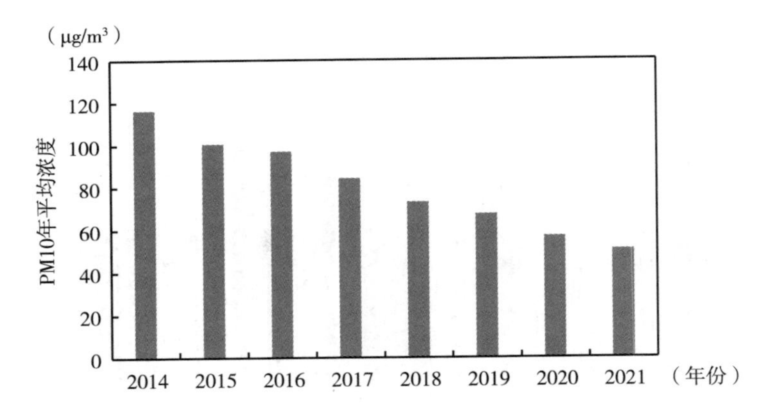

图 3.13　2014～2021 年北京市 PM10 年度分布

资料来源：2014～2021 年《中国统计年鉴》、2014～2021 年《中国环境统计年鉴》和中国经济信息网（www. cei. cn）。

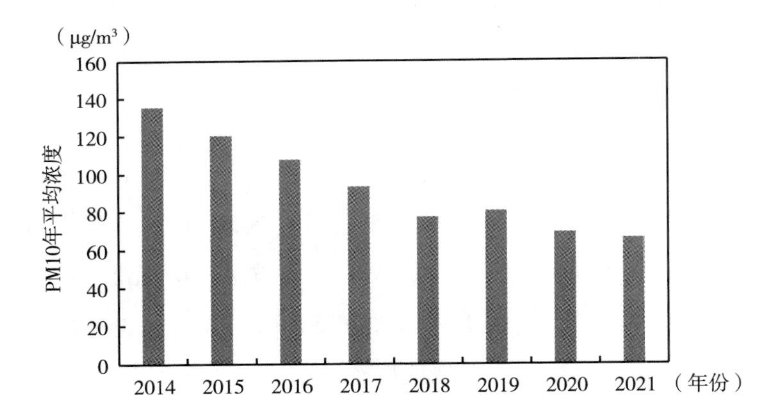

图 3.14　2014～2021 年天津市 PM10 年度分布

资料来源：2014～2021 年《中国统计年鉴》、2014～2021 年《中国环境统计年鉴》和中国经济信息网（www. cei. cn）。

由图 3.15 可见，2014～2021 年，河北省各市 PM10 污染状况均得到不同程度改善，PM10 年平均浓度总体呈逐年递减趋势。廊坊市、保定市、沧州市 PM10 年平均浓度逐年递减，石家庄市、唐山市、衡水市、邢台市、邯郸市 PM10 年平均浓度在 8 年中均出现小幅度上升，但整体呈下降趋势。其中，石家庄市 2016 年 PM10 年平均浓度较 2015 年有小幅度上升，为 163.56μg/m³；唐山市和衡水市 2019 年 PM10 年平均浓度较 2018 年有小幅度上升，分别为 101.94μg/m³、97.08μg/m³；邢台市和邯郸市 2017 年 PM10 年平均浓度较 2016 年有小幅度上升，分别为 145.87μg/m³ 和 152.87μg/m³。这说明河北省近年来采取的大气污染治理措施得到有效实施，治理效果显而易见，但仍有较大治理空间。

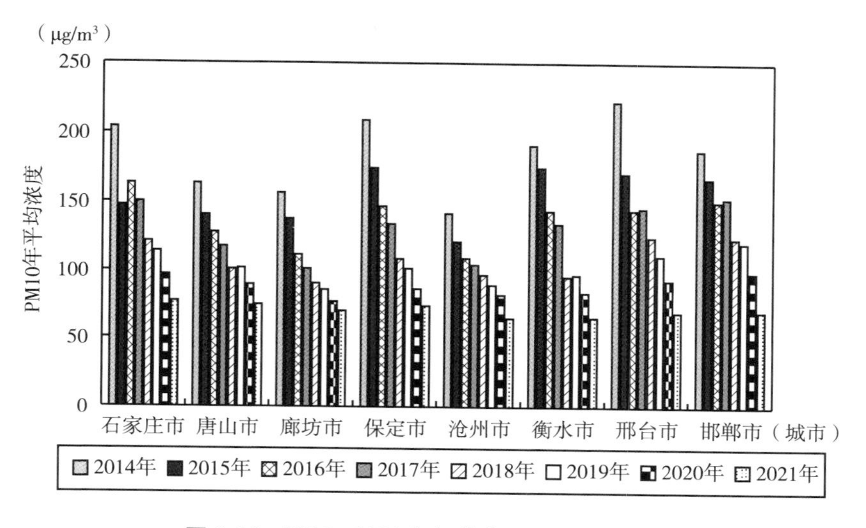

图 3.15 2014～2021 年河北省 PM10 年度分布

资料来源：2014～2021 年《中国统计年鉴》、2014～2021 年《中国环境统计年鉴》和中国经济信息网（www.cei.cn）。

由图 3.16 可见，2014～2021 年山西省各市 PM10 污染状况均得到不同程度改善，PM10 年平均浓度总体呈逐年递减趋势。太原市、阳泉市、长治市、晋城市 PM10 年平均浓度在 8 年中均出现小幅度上升，但整体呈下降趋势。其中，太原市、阳泉市、长治市、晋城市 2016 年 PM10 年平均浓度较 2015 年有小幅度上升，分别为 125.20μg/m³、130.92μg/m³、113.60μg/m³、112.29μg/m³；太原市和晋城市 2017 年 PM10 年平均浓度较 2016 年有小幅度上升，分别为 128.01μg/m³、112.75μg/m³；晋城市 2019 年 PM10 年平均浓度较 2018 年有小幅度上升，为 112.91μg/m³。这表明山西省大气污染治理虽取得一定成效，但仍需砥砺前行。

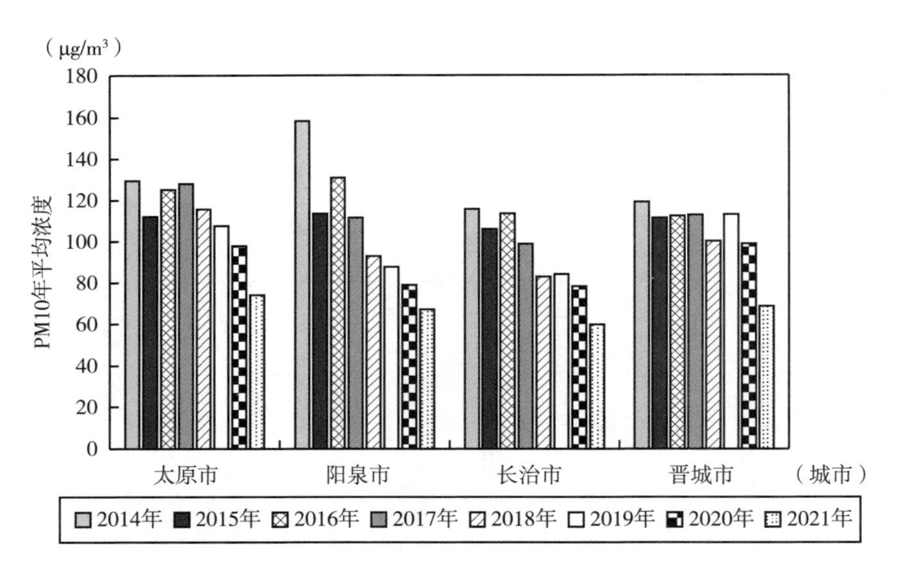

图 3.16　2014～2021 年山西省 PM10 年度分布

资料来源：2014～2021 年《中国统计年鉴》、2014～2021 年《中国环境统计年鉴》和中国经济信息网（www. cei. cn）。

由图 3.17 可见，2014～2021 年山东省各市 PM10 污染状况均得到不同程度改善，PM10 年平均浓度总体呈逐年递减趋势。济南市、淄博市、济宁市、德州市、聊城市、滨州市、菏泽市 PM10 年平均浓度在 8 年中均出现小幅度上升，但整体呈下降趋势。其中，济南市、淄博市、济宁市、德州市、聊城市、滨州市、菏泽市 2019 年 PM10 年平均浓度较 2018 年有小幅度上升，分别为 108.53μg/m³、106.51μg/m³、95.75μg/m³、103.63μg/m³、111.19μg/m³、87.98μg/m³、115.79μg/m³；滨州市 2016 年 PM10 年平均浓度较 2015 年有小幅度上升，分别为 125.98μg/m³。这说明山东省大气污染治理虽然取得一定成效，但部分城市依然面临严峻的挑战。

由图 3.18 可见，2014～2021 年河南省各市 PM10 污染状况均得到不同程度改善，PM10 年平均浓度总体呈逐年递减趋势。郑州市、开封市、安阳市、鹤壁市、新乡市、焦作市、濮阳市 PM10 年平均浓度在 8 年中均出现小幅度上升，但整体呈下降趋势。其中，郑州市、开封市、安阳市、鹤壁市、新乡市、焦作市、濮阳市 2015 年 PM10 年平均浓度较 2014 年有小幅度上升，分别为 167.20μg/m³、129.05μg/m³、151.67μg/m³、123.61μg/m³、

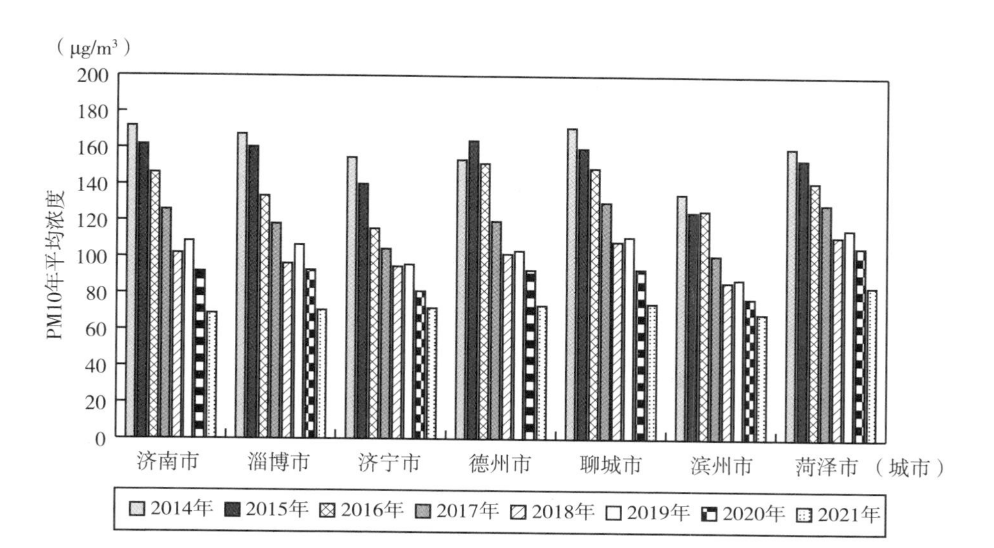

图 3.17 2014～2021 年山东省 PM10 年度分布

资料来源：2014～2021 年《中国统计年鉴》、2014～2021 年《中国环境统计年鉴》和中国经济信息网（www. cei. cn）。

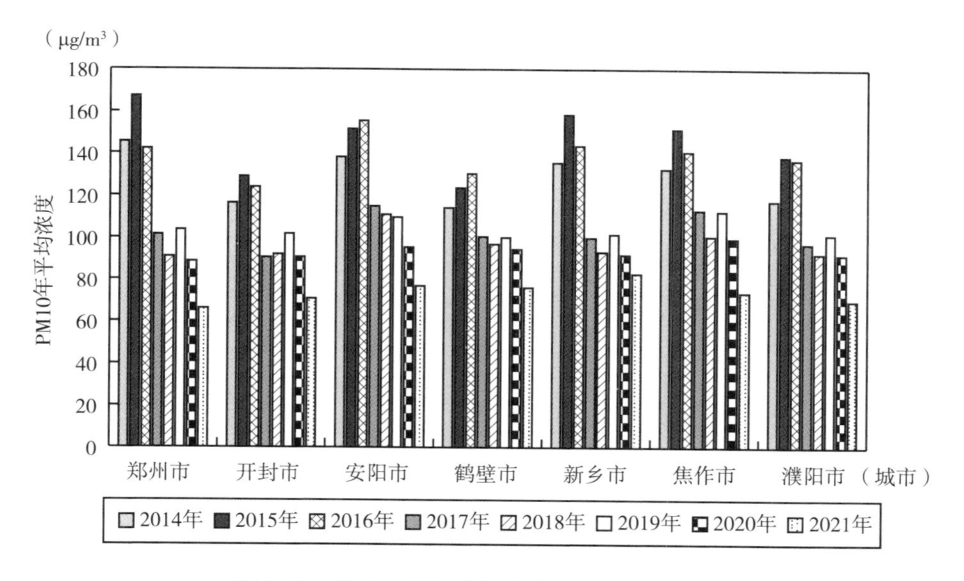

图 3.18 2014～2021 年河南省 PM10 年度分布

资料来源：2014～2021 年《中国统计年鉴》、2014～2021 年《中国环境统计年鉴》和中国经济信息网（www. cei. cn）。

158.60μg/m³、151.72μg/m³、138.42μg/m³；安阳市和鹤壁市2016年PM10年平均浓度较2015年有小幅度上升，分别为155.64μg/m³、130.31μg/m³；开封市2018年PM10年平均浓度较2017年有小幅度上升，为92.03μg/m³；郑州市、开封市、鹤壁市、新乡市、焦作市、濮阳市2019年PM10年平均浓度较2018年有小幅度上升，分别为103.73μg/m³、101.79μg/m³、100.22μg/m³、101.55μg/m³、112.48μg/m³、101.42μg/m³。整体来看，2019年后河南省空气质量明显好转，PM10年平均浓度降幅较大，但空气污染形势仍严峻，改善空气质量迫在眉睫。

（三）CO年度分布

在时间维度上，京津冀及周边地区2014~2021年CO年平均浓度总体呈下降趋势，均在2021年达到最低，且在8年中28个城市CO年平均浓度均低于《环境空气质量标准》（GB 3095—2016）二级标准（4μg/m³）；在空间维度上，在8年间，河南省的8个城市CO年平均浓度最高，北京市的CO年平均浓度最低。

由图3.19可见，2014~2021年北京市CO年平均浓度整体呈下降趋势，在2015年有所上升，为1.30μg/m³，整体上从2014年的1.27μg/m³降至2021年的0.59μg/m³，并且北京市CO年平均浓度均低于《环境空气质量标准》（GB 3095—2016）二级标准（4μg/m³）。

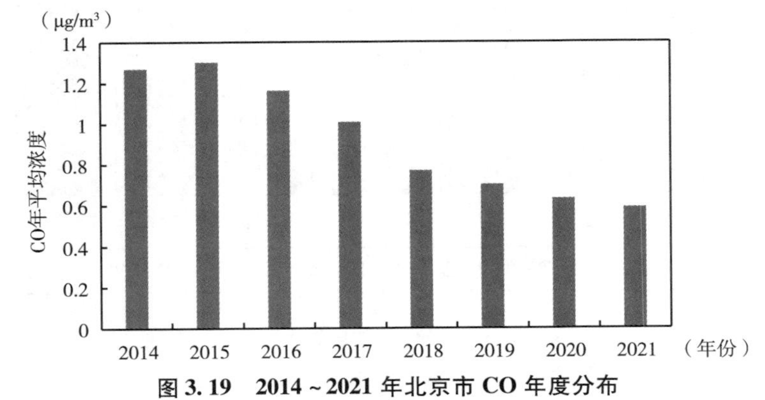

图3.19　2014~2021年北京市CO年度分布

资料来源：2014~2021年《中国统计年鉴》、2014~2021年《中国环境统计年鉴》和中国经济信息网（www.cei.cn）。

由图3.20可见，2014～2021年天津市CO年平均浓度整体呈下降趋势，在2016年有所上升，为1.37μg/m³，整体上从2014年的1.67μg/m³降至2021年的0.84μg/m³，天津市CO年平均浓度均低于《环境空气质量标准》（GB 3095—2016）二级标准（4μg/m³）。

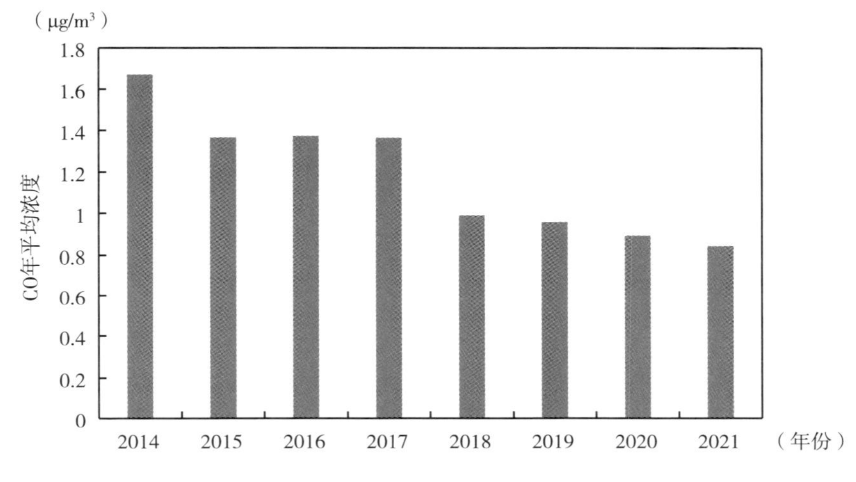

图3.20 2014～2021年天津市CO年度分布

资料来源：2014～2021年《中国统计年鉴》、2014～2021年《中国环境统计年鉴》和中国经济信息网（www.cei.cn）。

由图3.21可见，2014～2021年，河北省各市CO污染状况均得到不同程度改善，CO年平均浓度总体呈逐年递减趋势。2014～2021年，保定市CO年平均浓度逐年下降，石家庄市、唐山市、廊坊市、沧州市、衡水市、邯郸市CO年平均浓度在8年中均出现小幅度上升，但整体呈下降趋势。其中，廊坊市、衡水市、邢台市2015年CO年平均浓度较2014年有小幅度上升，分别为1.42μg/m³、1.50μg/m³、1.79μg/m³；唐山市、沧州市、邯郸市2016年CO年平均浓度较2015年有小幅度上升，分别为2.27μg/m³、1.24μg/m³、1.81μg/m³；沧州市2019年CO年平均浓度较2018年有小幅度上升，为0.87μg/m³。整体来看，2019年后河北省空气质量明显好转，CO年平均浓度降幅较大，但空气污染形势仍严峻，改善空气质量迫在眉睫。

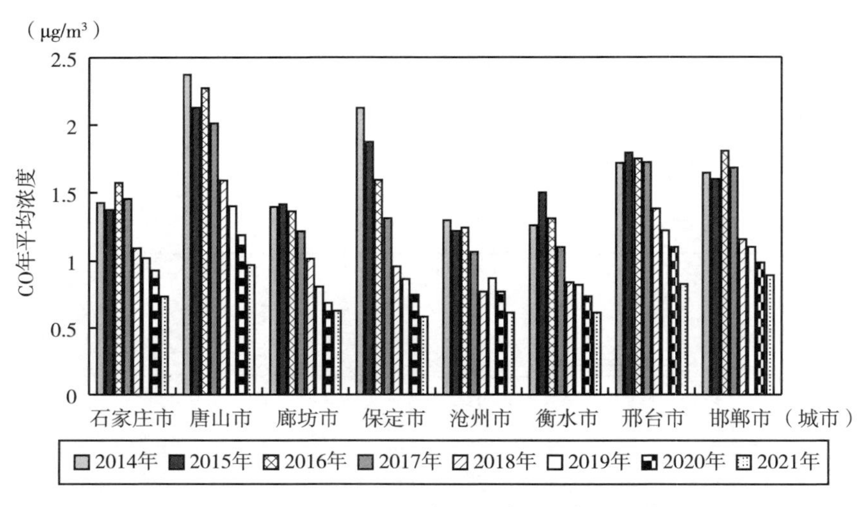

图 3.21　2014～2021 年河北省 CO 年度分布

资料来源：2014～2021 年《中国统计年鉴》、2014～2021 年《中国环境统计年鉴》和中国经济信息网（www. cei. cn）。

由图 3.22 可见，2014～2021 年山西省各市 CO 污染状况均得到不同程度改善，CO 年平均浓度总体呈逐年递减趋势。太原市、阳泉市、长治市、晋城市 CO 年平均浓度在八年中均出现小幅度上升，但整体呈下降趋势。其中，阳泉市、长治市、晋城市 2016 年 CO 年平均浓度较 2015 年有小幅度上升，分别为 1.51μg/m³、1.20μg/m³、2.07μg/m³；晋城市 2017 年 CO 年平均浓度较 2016 年有小幅度上升，为 2.12μg/m³；太原市、长治市 2019 年 CO 年平均浓度较 2020 年有小幅度上升，分别为 1.01μg/m³、1.26μg/m³。说明山西省大气污染治理虽然取得一定成效，但部分城市依然面临严峻的挑战。

由图 3.23 可见，2014～2021 年山东省各市 CO 污染状况均得到不同程度改善，CO 年平均浓度总体呈逐年递减趋势。2014～2021 年，聊城市 CO 年平均浓度逐年下降，济南市、淄博市、济宁市、德州市、滨州市、菏泽市 CO 年平均浓度在八年中均出现小幅度上升，但整体呈下降趋势。其中，济南市、淄博市、济宁市、德州市、滨州市、菏泽市 2015 年 CO 年平均浓度较 2014 年有小幅度上升，分别为 1.40μg/m³、2.11μg/m³、1.31μg/m³、1.95μg/m³、2.10μg/m³、1.72μg/m³，济宁市和滨州市 2019 年 CO 年平均浓度较 2018 年有小幅度上升，分别为 0.90μg/m³、1.14μg/m³；济南市

2020 年 CO 年平均浓度较 2019 年有小幅度上升，为 0.89μg/m³。这表明山东省大气污染治理虽取得一定成效，但仍需砥砺前行。

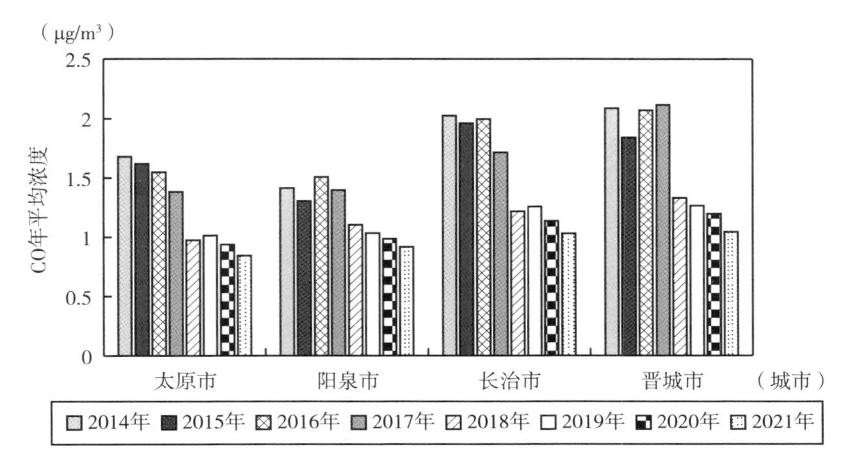

图 3.22　2014～2021 年山西省 CO 年度分布

资料来源：2014～2021 年《中国统计年鉴》、2014～2021 年《中国环境统计年鉴》和中国经济信息网（www.cei.cn）。

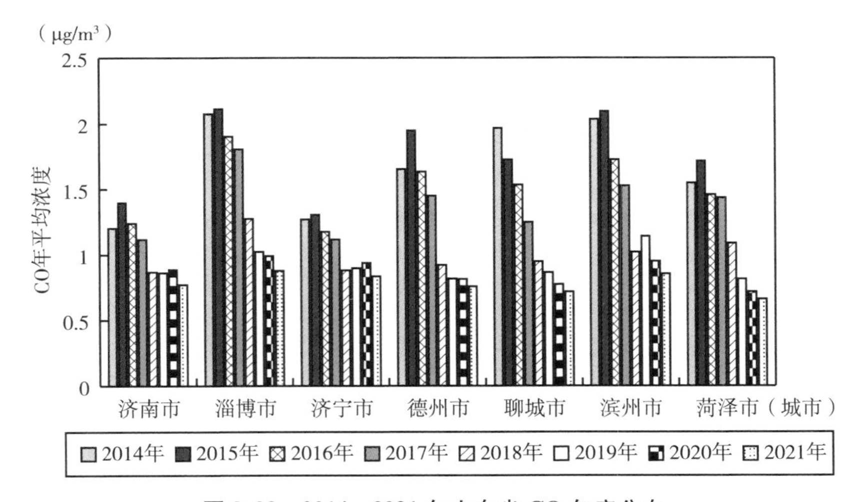

图 3.23　2014～2021 年山东省 CO 年度分布

资料来源：2014～2021 年《中国统计年鉴》、2014～2021 年《中国环境统计年鉴》和中国经济信息网（www.cei.cn）。

由图 3.24 可见，2014～2021 年河南省各市 CO 污染状况均得到不同程度改善，CO 年平均浓度总体呈逐年递减趋势。2014～2021 年，郑州市、

濮阳市 CO 年平均浓度逐年递减，开封市、安阳市、新乡市、鹤壁市、焦作市 CO 年平均浓度在 8 年中均出现小幅度上升，但整体呈下降趋势。其中，开封市、新乡市、焦作市 2015 年 CO 年平均浓度较 2014 年有小幅度上升，分别为 1.58μg/m^3、1.48μg/m^3、1.89μg/m^3；安阳市、鹤壁市、新乡市、焦作市 2016 年 CO 年平均浓度较 2015 年有小幅度上升，分别为 2.27μg/m^3、1.96μg/m^3、1.48μg/m^3、1.89μg/m^3。这说明河南省近年来采取的大气污染治理措施得到有效实施，治理效果显而易见，但仍有较大治理空间。

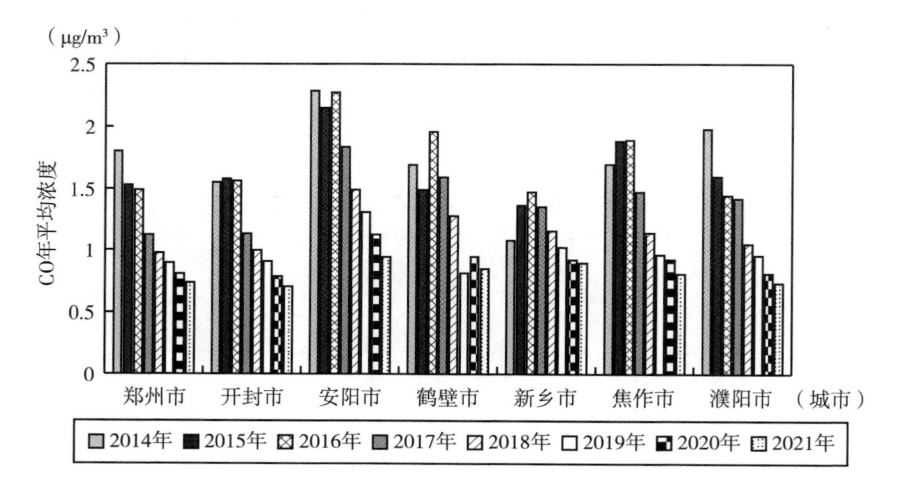

图 3.24　2014～2021 年河南省 CO 年度分布

资料来源：2014～2021 年《中国统计年鉴》、2014～2021 年《中国环境统计年鉴》和中国经济信息网（www. cei. cn）。

（四）NO_2 年度分布

在时间维度上，京津冀及周边地区 2014～2021 年 NO_2 的年平均浓度总体呈下降趋势，均在 2021 年达到最低，且在这 8 年中 28 个城市的 NO_2 浓度各年均值均低于《环境空气质量标准》（GB 3095—2016）二级标准（80μg/m^3）；在空间维度上，在 8 年间，河北省的 8 个城市 NO_2 的年平均浓度最高，北京市 NO_2 的年平均浓度最低。

由图 3.25 可见，2014～2021 年北京市 NO_2 年平均浓度逐年下降，从

2014 年的 54.71μg/m³ 降至 2021 年的 26.02μg/m³，2018～2021 年北京市 NO_2 浓度各年均值均低于《环境空气质量标准》（GB 3095—2016）二级标准（40μg/m³）。

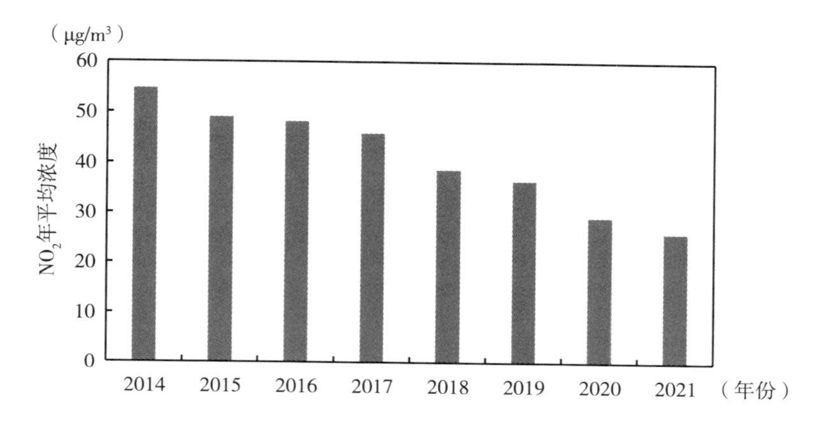

图 3.25 2014～2021 年北京市 NO_2 年度分布

资料来源：2014～2021 年《中国统计年鉴》、2014～2021 年《中国环境统计年鉴》和中国经济信息网（www.cei.cn）。

由图 3.26 可见，2015 年天津市 NO_2 年平均浓度出现大幅度下降，降低至 41.42μg/m³，2016 年、2017 年连续两年呈现增长趋势，2018 年以后 NO_2 年平均浓度逐年下降，2021 年达到最小值，为 37.04μg/m³，2020 年和 2021 年天津市 NO_2 年平均浓度均低于《环境空气质量标准》（GB 3095—2016）二级标准（40μg/m³）。

由图 3.27 可见，2014～2021 年河北省各市 NO_2 污染状况均得到不同程度改善。石家庄市、唐山市、廊坊市、保定市、沧州市、衡水市、邢台市、邯郸市 NO_2 年平均浓度在 8 年中均出现小幅度上升，但整体呈下降趋势。其中，保定市、沧州市、衡水市 NO_2 年平均浓度在 2015 年有所上升，分别为 53.63μg/m³、41.17μg/m³、43.65μg/m³；石家庄市、廊坊市、保定市、沧州市、衡水市、邢台市、邯郸市 NO_2 年平均浓度在 2016 年有所上升，分别为 57.50μg/m³、51.44μg/m³、57.65μg/m³、47.11μg/m³、44.81μg/m³、61.14μg/m³；石家庄市和衡水市 NO_2 年平均浓度在 2019 年有所上升，分别为 46.07μg/m³、33.15μg/m³。这说明河北省大气污染治理虽然取得一定成效，但部分城市依然面临严峻的挑战。

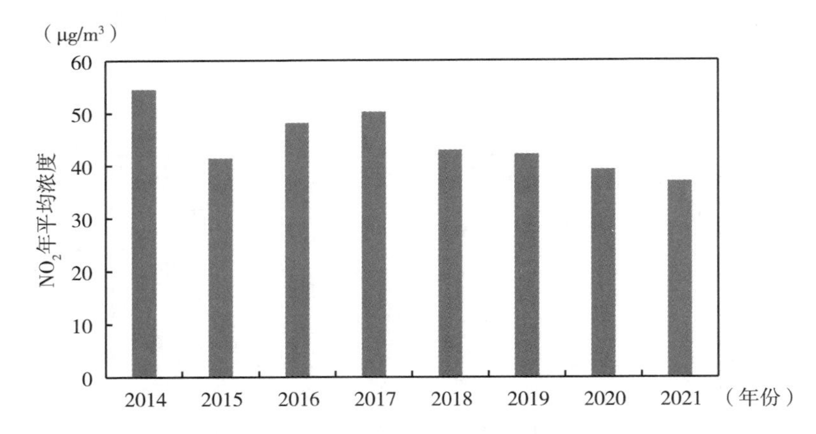

图 3.26　2014～2021 年天津市 NO_2 年度分布

资料来源：2014～2021 年《中国统计年鉴》、2014～2021 年《中国环境统计年鉴》和中国经济信息网（www. cei. cn）。

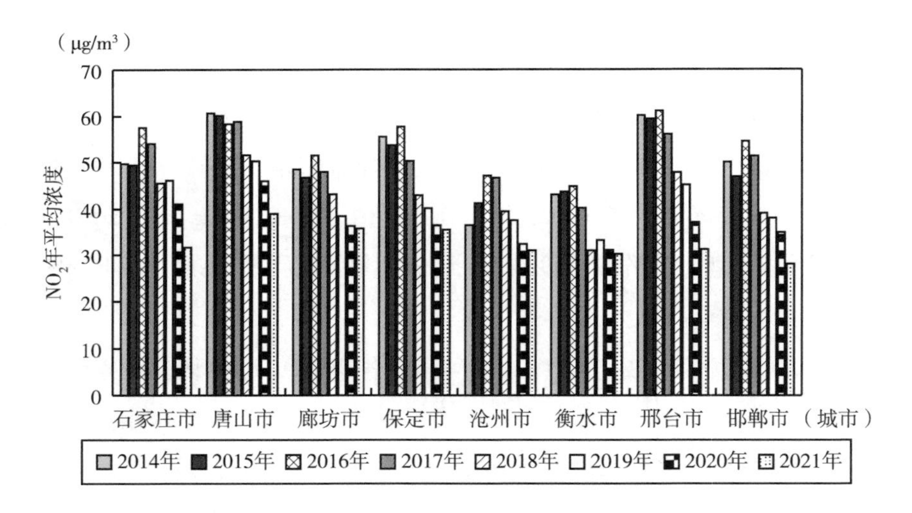

图 3.27　2014～2021 年河北省 NO_2 年度分布

资料来源：2014～2021 年《中国统计年鉴》、2014～2021 年《中国环境统计年鉴》和中国经济信息网（www. cei. cn）。

由图 3. 28 可见，2014～2021 年山西各市 NO_2 污染状况均得到不同程度改善。太原市、阳泉市、长治市、晋城市 NO_2 年平均浓度均在 2017 年达到最高值，分别为 54. 06μg/m³、48. 31μg/m³、40. 78μg/m³、45. 49μg/m³；太原市在2014年NO_2年平均浓度达到最低值，为35.33μg/m³；阳泉市、长治市、晋城市NO_2年平均浓度均在2021年达到最低值，分别为35.80μg/m³、25.55μg/m³、28.07μg/m³。2017年后山西省空气质量明显好转，NO_2年平均浓度降幅较大，这说明山西省近年来采取的大气污染治理措施得到有效实施，治理效果显而易见，但仍有较大治理空间。

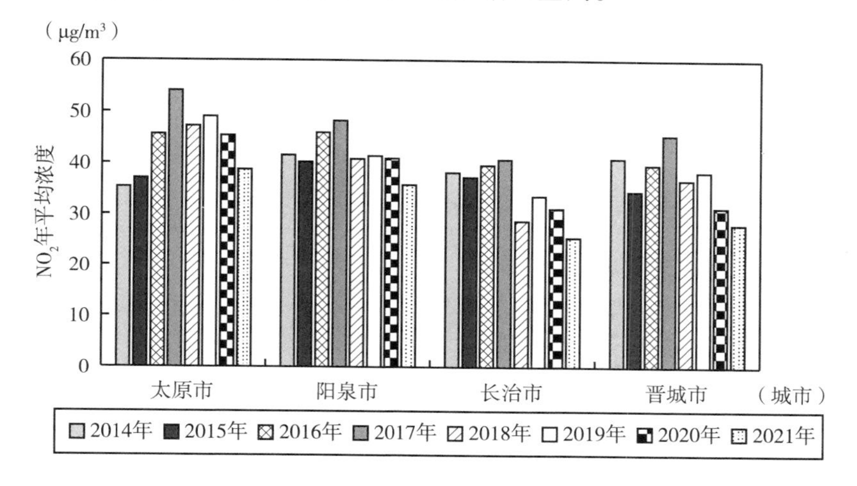

图3.28 2014~2021年山西省NO_2年度分布

资料来源：2014~2021年《中国统计年鉴》、2014~2021年《中国环境统计年鉴》和中国经济信息网（www. cei. cn）。

由图3.29可见，2014~2021年山东省各市NO_2污染状况均得到不同程度改善。在8年中，淄博市、济宁市NO_2年平均浓度逐年下降，济南市、德州市、聊城市、滨州市、菏泽市NO_2年平均浓度均出现小幅度上升，但整体呈下降趋势。其中，在2019年，济南市NO_2年平均浓度有所上升，为44.81μg/m³；在2019年，德州市NO_2年平均浓度有所上升，为38.92μg/m³；在2019年，聊城市NO_2年平均浓度有所上升，为37.86μg/m³；滨州市在2017年和2019年NO_2年平均浓度有所上升，分别为40.75μg/m³、40.27μg/m³；在2017年，菏泽市NO_2年平均浓度有所上升，分别为39.59μg/m³。

由图3.30可见，2014~2021年河南省各市NO_2污染状况均得到不同程度改善。其中，郑州市、开封市、安阳市、鹤壁市、新乡市、焦作市、

濮阳市 NO_2 年平均浓度出现小幅度上升，整体为下降趋势。其中，在 2015 年，郑州市、开封市、鹤壁市、新乡市、焦作市、濮阳市 NO_2 年平均浓度有所上升，分别为 57.22μg/m³、40.45μg/m³、50.02μg/m³、51.24μg/m³、49.24μg/m³、41.56μg/m³；在 2016 年，安阳市、鹤壁市、濮阳市 NO_2 年平均浓度有所上升，分别为 50.62μg/m³、51.91μg/m³、41.76μg/m³。这表明河南省大气污染治理虽取得一定成效，但仍需砥砺前行。

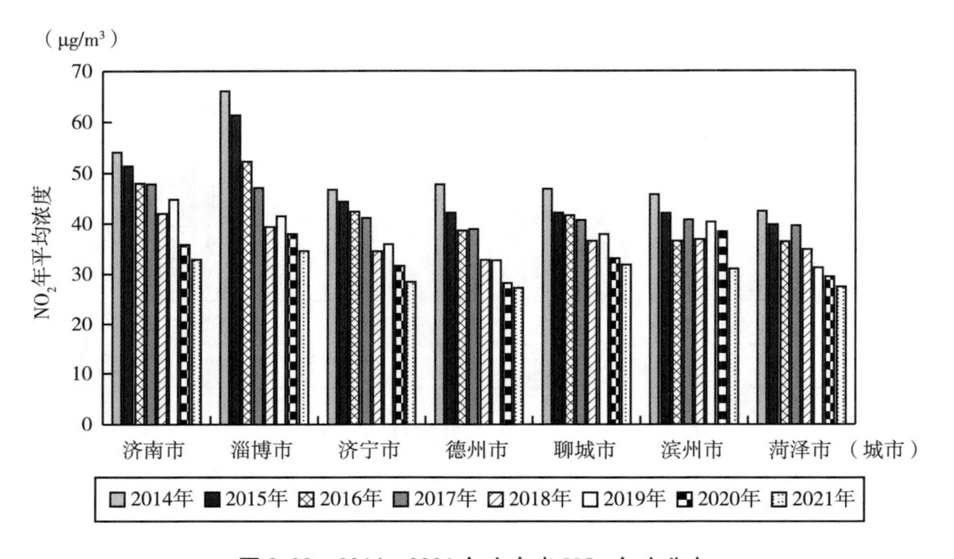

图 3.29　2014～2021 年山东省 NO_2 年度分布

资料来源：2014～2021 年《中国统计年鉴》、2014～2021 年《中国环境统计年鉴》和中国经济信息网（www.cei.cn）。

（五）O_3 年度分布

在时间维度上，京津冀及周边地区 2014～2021 年 O_3 的年平均浓度总体呈上升趋势；在空间维度上，在 8 年间，山西省的 8 个城市 O_3 的年平均浓度最高，北京市的 O_3 的年平均浓度最低。

由图 3.31 可见，2014～2021 年北京市 O_3 年平均浓度在波动中下降，2014～2021 年，O_3 年平均浓度值达到国际一级标准（160μg/m³），2019 年以后浓度不断降低，2021 年达到近 8 年最低值 87.01μg/m³。

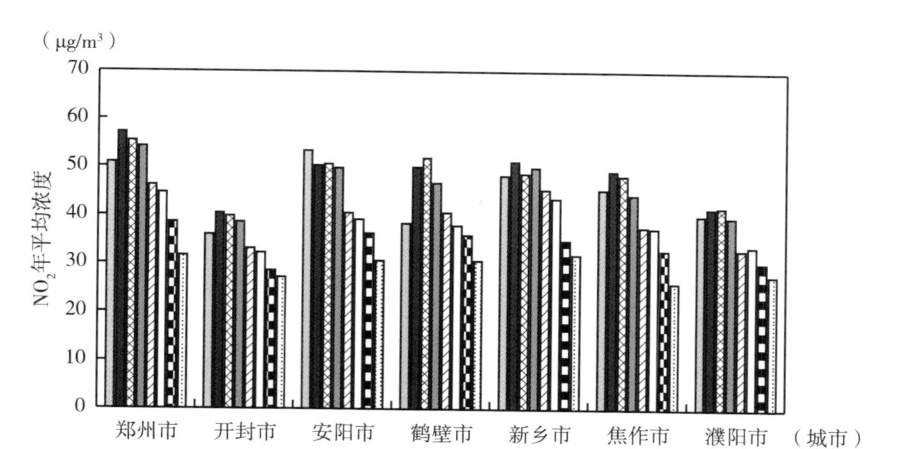

图 3.30 2014~2021 年河南省 NO_2 年度分布

资料来源：2014~2021 年《中国统计年鉴》、2014~2021 年《中国环境统计年鉴》和中国经济信息网（www.cei.cn）。

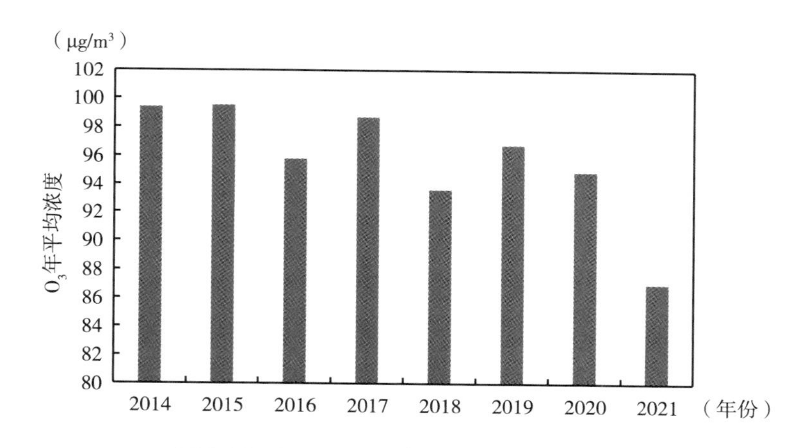

图 3.31 2014~2021 年北京市 O_3 年度分布

资料来源：2014~2021 年《中国统计年鉴》、2014~2021 年《中国环境统计年鉴》和中国经济信息网（www.cei.cn）。

由图 3.32 可见，2014~2021 年天津市 O_3 年度分布近似呈倒“U”型趋势。2015~2017 年，O_3 年平均浓度呈现出逐年上升趋势，2018 年浓度大幅度下降，2019 年以后呈现出逐年下降趋势，2017 年的年平均浓度最高，为 104.48μg/m³，2014 年 O_3 年平均浓度最低，为 83.21μg/m³。

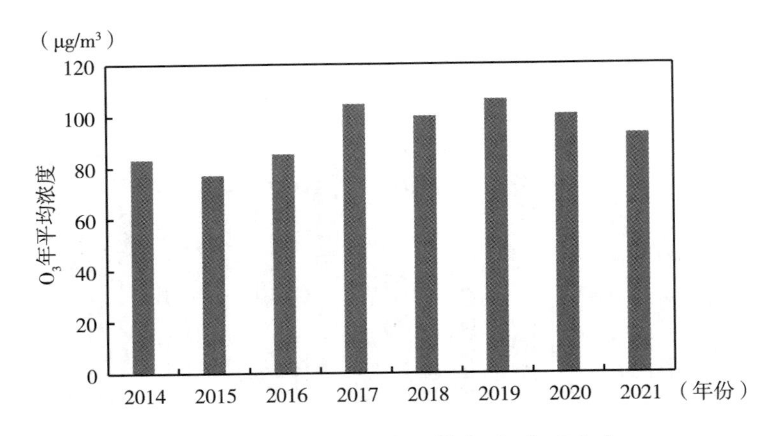

图 3.32　2014～2021 年天津市 O_3 年度分布

资料来源：2014～2021 年《中国统计年鉴》、2014～2021 年《中国环境统计年鉴》和中国经济信息网（www. cei. cn）。

由图 3.33 可见，2014～2021 年河北省各市 O_3 污染状况整体形势不容乐观，各市 O_3 年平均浓度近似呈现倒"U"型趋势。石家庄市 O_3 年平均浓度在 2017～2019 年及 2021 年的年平均浓度更是达到三位数，较 2014 年 84.9μg/m³ 有所升高；唐山市 2017 年的 O_3 年平均浓度达到 105.56μg/m³；廊坊市在 2017 年、2019 年、2020 年的 O_3 年平均浓度较高，分别为 109.13μg/m³、104.84μg/m³、101.57μg/m³，较 2014 年 88.53μg/m³ 有所升高；保定市 2017～2019 年连续三年的 O_3 年平均浓度更是达到三位数，2017 年为最高值 113.40μg/m³；沧州市 2014 年及 2016～2021 年 6 年的 O_3 年平均浓度较高，2017 年为最高值 112.69μg/m³；衡水市 2014～2021 年连续 8 年的 O_3 年平均浓度均达到三位数，2014 年为最高值 111.38μg/m³；邢台市 2017～2021 年连续 5 年的 O_3 年平均浓度达到三位数，2018 年为最高值 112.56μg/m³；邯郸市的 O_3 年平均浓度 2019 年为最高值 113.11μg/m³。

由图 3.34 可见，2014～2021 年山西省各市受 O_3 污染状况整体形势不容乐观，O_3 污染愈发严重。太原市在 2019～2021 连续 3 年的 O_3 年平均浓度达到三位数，在 2021 年达最高值 106.29μg/m³；阳泉市 O_3 年平均年度在 2017～2021 连续 5 年达到三位数，在 2017 年达最高值 115.76μg/m³，较 2014 年 59.39μg/m³ 增长近两倍；长治市 O_3 年平均浓度在 2015 年及

2017～2021 年 5 年的达到三位数，在 2017 年达最高值 116.74μg/m³，较 2014 年 70.98μg/m³ 均有所上升；晋城市 2017～2021 年连续 5 年的 O_3 年平均浓度均较高，最高值在 2017 年为 124.07μg/m³。

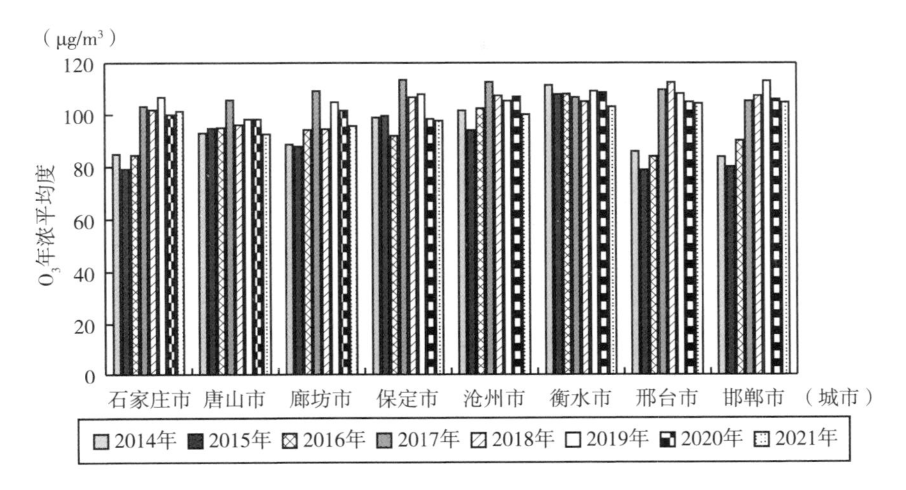

图 3.33 2014～2021 年河北省 O_3 年度分布

资料来源：2014～2021 年《中国统计年鉴》、2014～2021 年《中国环境统计年鉴》和中国经济信息网（www.cei.cn）。

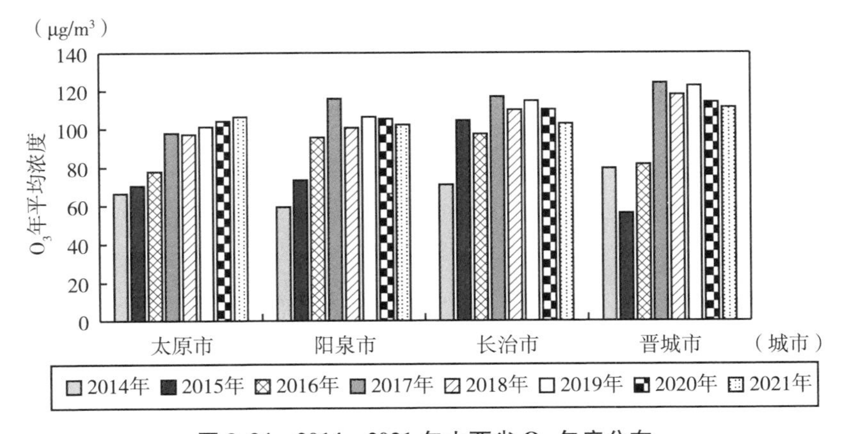

图 3.34 2014～2021 年山西省 O_3 年度分布

资料来源：2014～2021 年《中国统计年鉴》、2014～2021 年《中国环境统计年鉴》和中国经济信息网（www.cei.cn）。

由图 3.35 可见，2014～2021 年山东省各市受 O_3 污染整体形势不容乐观。整个研究期间，济南市 O_3 年平均浓度均在 100μg/m³ 以上，2019 年达最高值 113.93μg/m³；淄博市 O_3 年平均浓度在 2017～2021 年连续 5 年达到三位数，2019 年达最高值 119.12μg/m³；济宁市 O_3 年平均浓度在 2017 年达最高值，为 115.41μg/m³；2015～2021 年，德州市、聊城市 O_3 年平均浓度均达到三位数，均于 2019 年达最高值，分别为 115.83μg/m³、118.35μg/m³，较 2014 年明显上升；滨州市 O_3 年平均浓度从 2014 年的 69.22μg/m³ 上升至 2019 年的 115.37μg/m³，菏泽市 2014～2021 年 O_3 年平均浓度连续 8 年的均达到三位数，2016 年达最高值 116.59μg/m³。

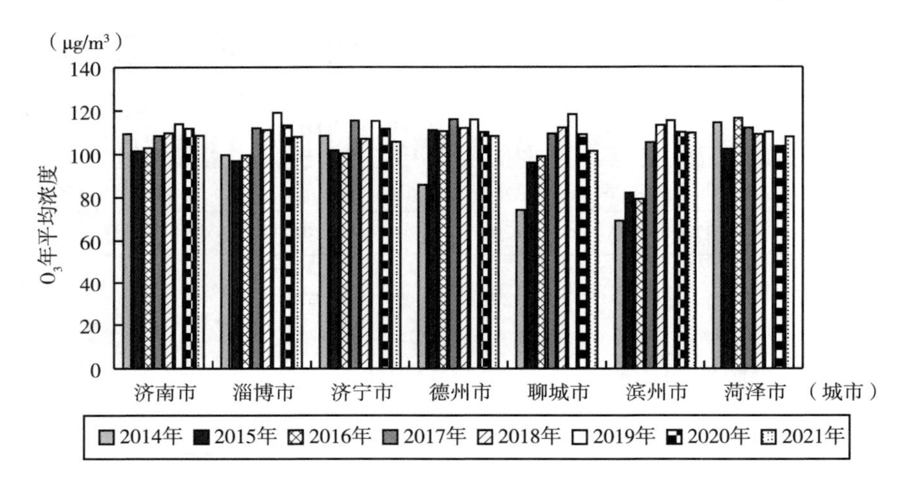

图 3.35　2014～2021 年山东省 O_3 年度分布

资料来源：2014～2021 年《中国统计年鉴》、2014～2021 年《中国环境统计年鉴》和中国经济信息网（www.cei.cn）。

由图 3.36 可见，2014～2021 年河南省各市受 O_3 污染状况整体形势不容乐观，各市 O_3 年平均浓度整体呈现倒“U”型变动趋势。郑州市、开封市、安阳市、鹤壁市、焦作市、濮阳市 O_3 年平均浓度均于 2019 年达到最大值，最大值分别为 110.72μg/m³、111.83μg/m³、113.86μg/m³、109.50μg/m³、112.08μg/m³、108.95μg/m³，最小值出现在 2014 年，分别为 68.39μg/m³、74.49μg/m³、84.34μg/m³、65.59μg/m³、84.83μg/m³、82.12μg/m³；新乡市 O_3 年平均浓度在 2017～2021 连续 5 年均在 100μg/m³ 以上，2017 年 O_3 年平均浓度最高，为 109.56μg/m³，较 2014 年 84.71μg/m³ 有所上升。

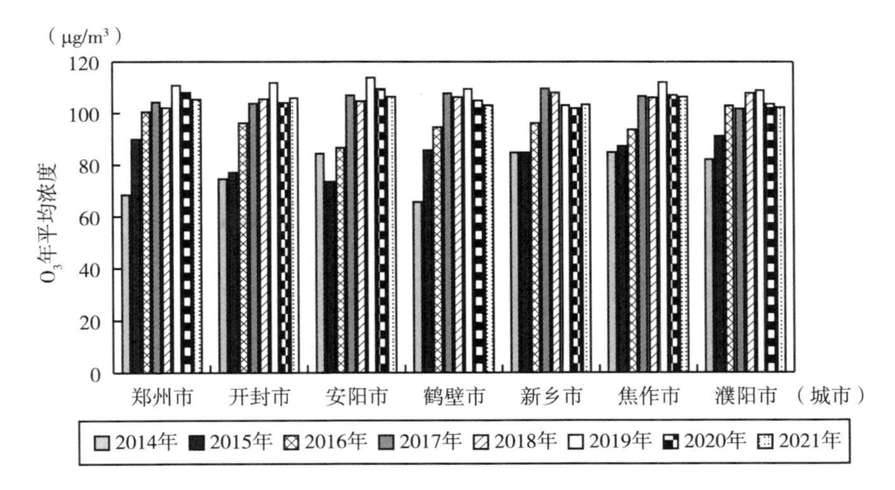

图 3.36 2014～2021 年河南省 O_3 年度分布

资料来源：2014～2021 年《中国统计年鉴》、2014～2021 年《中国环境统计年鉴》和中国经济信息网（www.cei.cn）。

（六）SO_2 年度分布

在时间维度上，京津冀及周边地区 2014～2021 年 SO_2 的年平均浓度总体呈下降趋势，且在 8 年中 28 个城市的 SO_2 浓度各年均值均低于《环境空气质量标准》（GB 3095—2012）二级标准（60μg/m³）；在空间维度上，在 8 年间，山东省的 8 个城市 SO_2 年平均浓度最高，北京市 SO_2 年平均浓度最低。

由图 3.37 可见，2014～2018 年北京市 SO_2 年度分布特征明显。北京市 SO_2 年平均浓度逐年下降，从 2014 年的 20.58μg/m³ 降至 2021 年的 2.94μg/m³，北京市 SO_2 浓度各年均值均低于《环境空气质量标准》（GB 3095—2012）二级标准（60μg/m³）。

由图 3.38 可见，2014～2018 年天津市 SO_2 年度分布特征明显。天津市 SO_2 年平均浓度逐年下降，从 2014 年的 47.87μg/m³ 降至 2021 年的 8.45μg/m³，天津市 SO_2 浓度各年均值均低于《环境空气质量标准》（GB 3095—2012）二级标准（60μg/m³）。

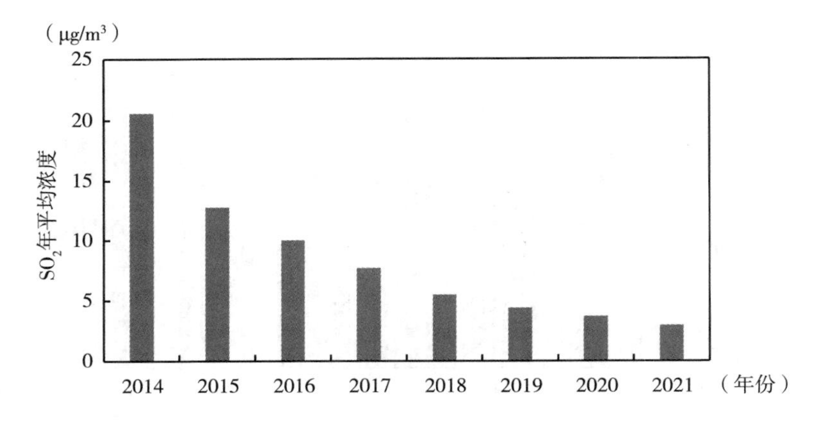

图 3.37　2014~2021 年北京市 SO_2 年度分布

资料来源：2014~2021 年《中国统计年鉴》、2014~2021 年《中国环境统计年鉴》和中国经济信息网（www.cei.cn）。

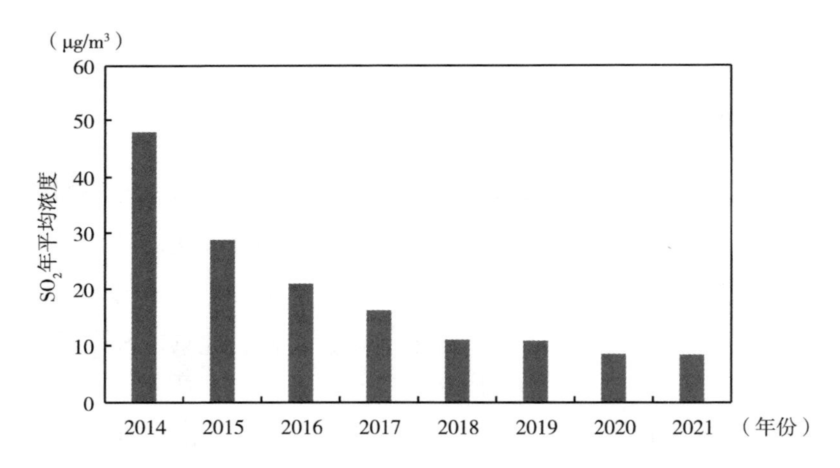

图 3.38　2014~2021 年天津市 SO_2 年度分布

资料来源：2014~2021 年《中国统计年鉴》、2014~2021 年《中国环境统计年鉴》和中国经济信息网（www.cei.cn）。

由图 3.39 可见，河北省各地区 SO_2 年平均浓度呈下降趋势，均在 2021 年达到最低。2014~2021 年，各市 SO_2 污染状况均得到不同程度改善。石家庄市 SO_2 年平均浓度在 2014 年达最高值 64.96μg/m³，在 2021 年达最低值 9.13μg/m³；唐山市 SO_2 年平均浓度在 2014 年达最高值 73.02μg/m³，在 2021 年达最低值 9.90μg/m³；廊坊市 SO_2 年平均浓度在

2014 年达最高值 36.14μg/m³，在 2021 年达最低值 7.49μg/m³；保定市 SO_2 年平均浓度在 2014 年达最高值 62.86μg/m³，在 2021 年达最低值 7.87μg/m³；沧州市 SO_2 年平均浓度在 2014 年达最高值 43.41μg/m³，在 2021 年达最低值 8.01μg/m³；衡水市 SO_2 年平均浓度在 2014 年达最高值 41.99μg/m³，在 2021 年达最低值 11.84μg/m³；邢台市 SO_2 年平均浓度在 2014 年达最高值 73.31μg/m³，在 2021 年达最低值 9.65μg/m³；邯郸市 SO_2 年平均浓度在 2014 年达最高值 55.77μg/m³，在 2021 年达最低值 11.93μg/m³。这说明，河北省 SO_2 污染状况均得到不同程度改善，大气污染治理效果显著。

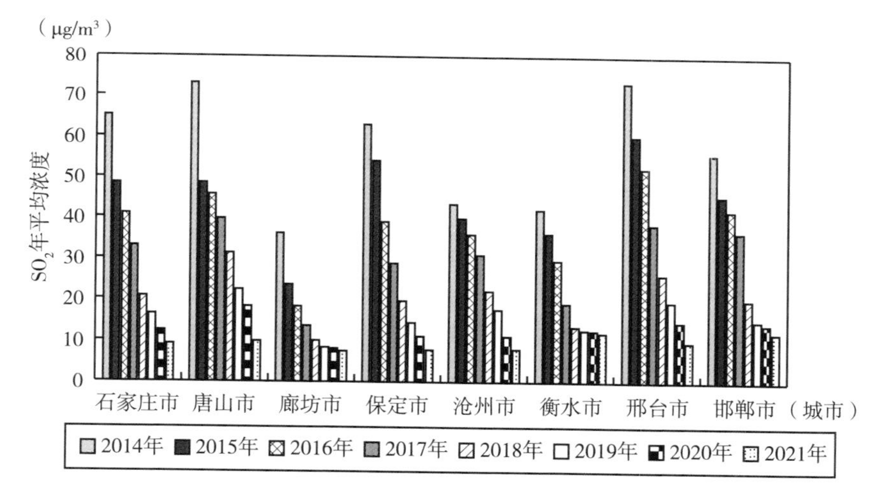

图 3.39　2014～2021 年河北省 SO_2 年度分布

资料来源：2014～2021 年《中国统计年鉴》、2014～2021 年《中国环境统计年鉴》和中国经济信息网（www.cei.cn）。

由图 3.40 可见，2014～2021 年山西省各市 SO_2 年度分布特征明显，各市 SO_2 污染状况均得到不同程度改善。太原市、阳泉市、长治市、晋城市 SO_2 年平均浓度均出现小幅度上升，但整体呈下降趋势。其中，太原市 SO_2 年平均浓度在 2015 年有所上升，为 69.04μg/m³；阳泉市 SO_2 年平均浓度在 2016 年有所上升，为 64.22μg/m³；长治市 O_2 年平均浓度在 2015 年、2016 年和 2020 年有所上升，分别为 49.15μg/m³、61.10μg/m³、

16.97μg/m³；晋城市 SO_2 年平均浓度在2016年有所上升，为69.89μg/m³。这表明山西省大气污染治理虽取得一定成效，但仍需砥砺前行。

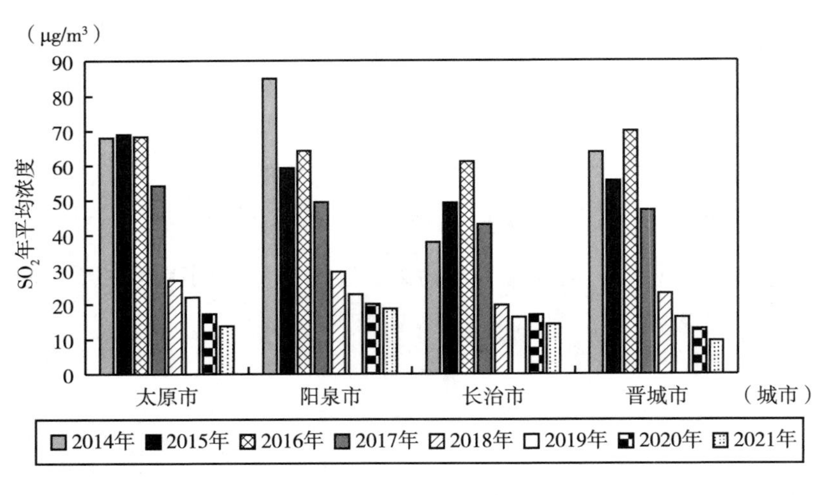

图3.40　2014～2021年山西省 SO_2 年度分布

资料来源：2014～2021年《中国统计年鉴》、2014～2021年《中国环境统计年鉴》和中国经济信息网（www.cei.cn）。

由图3.41可见，2014～2021年，济南市、淄博市、济宁市、德州市、聊城市、滨州市、菏泽市 SO_2 年平均浓度呈下降趋势。在时间维度上，8年中，各市 SO_2 污染状况均得到不同程度改善，济南市、淄博市、济宁市、德州市、聊城市、滨州市、菏泽市 SO_2 年平均浓度均在2014年达最高值，分别为67.95μg/m³、117.83μg/m³、72.19μg/m³、56.72μg/m³、52.31μg/m³、69.01μg/m³、52.71μg/m³。

在2021年达最低值，分别为11.42μg/m³、13.80μg/m³、10.44μg/m³、10.47μg/m³、13.69μg/m³、15.78μg/m³、10.43μg/m³。这表明，8年中，山东省近年来采取的大气污染治理措施得到有效实施，治理效果显著。

由图3.42可见，2014～2021年，郑州市、开封市、安阳市、鹤壁市、新乡市、焦作市、濮阳市 SO_2 年平均浓度呈下降趋势。在时间维度上，8年中，各市 SO_2 污染状况均得到不同程度改善。郑州市、开封市、安阳市、鹤壁市、新乡市、焦作市、濮阳市 SO_2 年平均浓度均在2014年达最高值，分别为42.48μg/m³、32.89μg/m³、56.68μg/m³、57.70μg/m³、56.50μg/m³、

61.30μg/m³、38.35μg/m³，在2021年达最低值，分别为8.25μg/m³、8.25μg/m³、9.15μg/m³、10.64μg/m³、11.25μg/m³、9.72μg/m³、8.52μg/m³。这表明，8年中，河南省近年来采取的大气污染治理措施得到有效实施，治理效果显著。

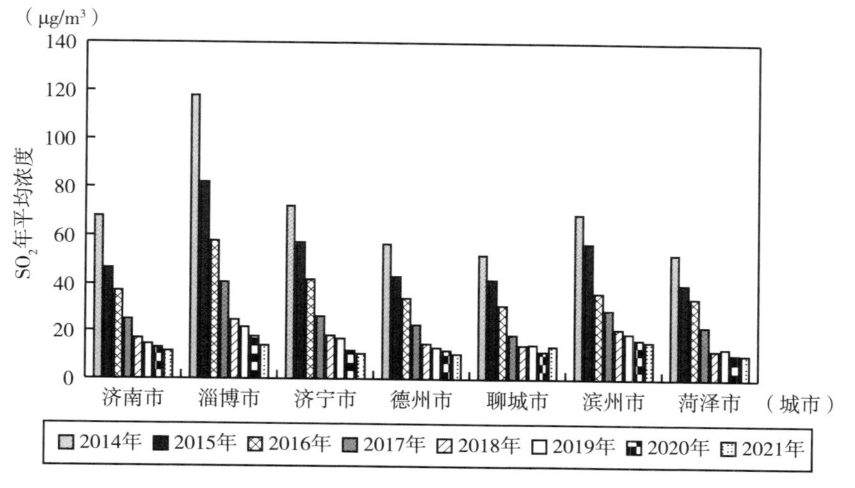

图 3.41 2014~2021 年山东省 SO_2 年度分布

资料来源：2014~2021年《中国统计年鉴》、2014~2021年《中国环境统计年鉴》和中国经济信息网（www.cei.cn）。

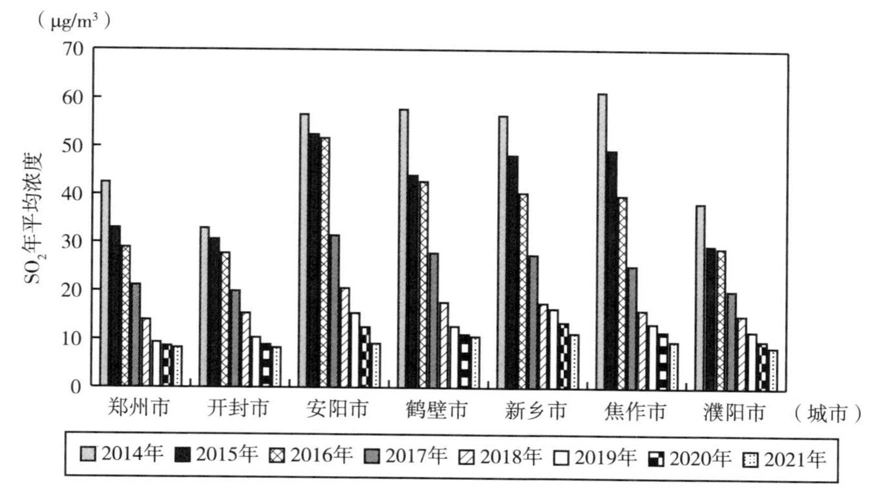

图 3.42 2014~2021 年河南省 SO_2 年度分布

资料来源：2014~2021年《中国统计年鉴》、2014~2021年《中国环境统计年鉴》和中国经济信息网（www.cei.cn）。

三、大气污染物季度变化

2014～2021年，京津冀及周边地区PM2.5、PM10、CO、NO_2、O_3、SO_2季度分布特征均明显，PM2.5、PM10、CO、NO_2、SO_2污染物季度均值呈明显的“U”型变动趋势。其中，京津冀及周边地区PM2.5与PM10季度均值均在第一季度最高，第三季度最低，除山西省太原市与晋城市PM10之外，其余京津冀及周边地区PM2.5、PM10季度均值呈现第一季度>第四季度>第二季度>第三季度的变化；京津冀及周边地区CO季度均值均在第一季度最高，CO季度均值可大体归纳为第一季度最高，第四季度次之，第二季度、第三季度最低；京津冀及周边地区NO_2季度均值均在第一季度最高，就京津冀及周边地区整体而言，NO_2季度均值可大体归纳为第四季度最高，第一季度次之，第二季度、第三季度相对较低，且第三季度略低于第二季度；京津冀及周边地区SO_2季度均值普遍在第一季度最高，第三季度最低，SO_2季度均值可大体归纳为，第一季度最高，第四季度次之，第二季度、第三季度相对较低，且第三季度略低于第二季度。京津冀及周边地区O_3的季度均值在第二季度最高，第三季度次之，第一季度与第四季度相对较低呈现出明显的倒“U”型的变化特征，京津冀及周边地区O_3的季度均值均呈现第二季度>第三季度>第一季度>第四季度的变化。

在空间维度上，总体上，由南至北，在地理位置上位于京津冀及周边地区北方的城市PM2.5季均均值明显低于在地理位置上位于京津冀及周边地区南方的城市。北京市、天津市以及山西省相较于京津冀及周边其他地区受PM2.5污染影响程度相对较小，PM2.5各季度均值相对于其他京津冀各市较低，而河北省受PM2.5污染影响程度相对较大；总体上，由南至北，在地理位置上位于京津冀及周边地区北方的城市PM10季度均值明显低于在地理位置上位于京津冀及周边地区南方的城市。北京市、天津市相较于京津冀及周边其他地区受PM10污染影响程度相对较小，其余各省份受PM10污染影响程度相对较大；总体上，由南至北，在地理位置上位于京津冀及周边地区北方的城市CO季度均值明显低于在地理位置上位于京津冀及周边地区南方的城市。其中，北京市、天津市相较于京津冀及周边其他地区受 CO 污染影响程度相对较小；总体上，由南至北，在地理位置上位于京津冀及周边地区北方的城市 NO_2 季度均值与地理位置上位于京津冀及周边地区南方的城市受 NO_2 污染程度接近，北方略低于南方，其中北京市和山西省受 NO_2 影响程度相对较小；总体上，由南至北，在地理位置上位于京津冀及周边地区北方的城市 O_3 季度均值明显低于在地理位置上位于京津冀及周边地区南方的城市，其中北京市、天津市以及山西省相较于京津冀及周边其他地区受 O_3 污染影响程度相对较小；总体上，由南至北，在地理位置上位于京津冀及周边地区北方的城市 SO_2 季度均值明显低于在地理位置上位于京津冀及周边地区南方的城市，其中北京市相较于京津冀及周边其他地区受 O_3 污染影响程度明显较小。

（一）PM2.5 季度分析

如图 3.43 所示，2014 ~ 2021 年北京市 PM2.5 季度均值呈明显的“U”型变化。PM2.5 季度均值可大体归纳为，第一季度最高，第四季度次之，第二季度、第三季度相对较低，且第三季度略低于第二季度。PM2.5 在第三季度达到一年中的最低值约 43.15μg/m³，第一季度最高约为 70.8μg/m³。

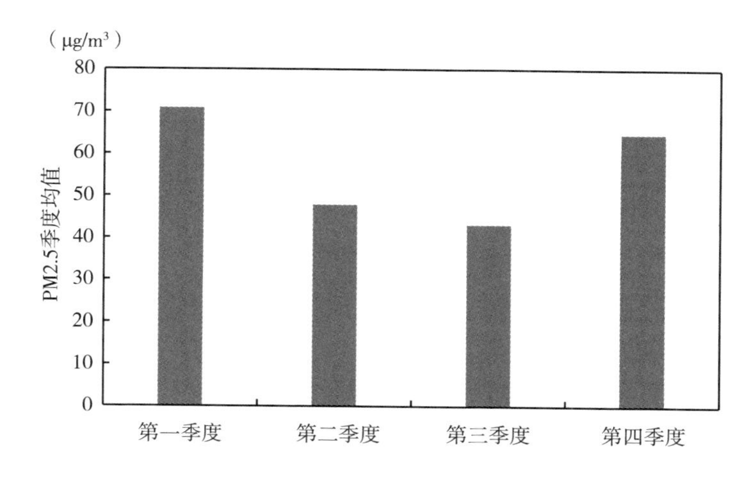

图 3.43　2014 ~ 2021 年北京市 PM2.5 季度均值分布

资料来源：2014 ~ 2021 年《中国统计年鉴》、2014 ~ 2021 年《中国环境统计年鉴》和中国经济信息网（www.cei.cn）。

如图 3.44 所示，2014～2021 年天津市 PM2.5 季度均值均呈明显的“U”型变化。PM2.5 季度均值可大体归纳为：第一季度最高，第四季度次之，第二季度、第三季度最低，且第三季度略低于第二季度。PM2.5 在第三季度达到一年中的最低值约 41.25μg/m³，第一季度最高约为 75.34μg/m³。

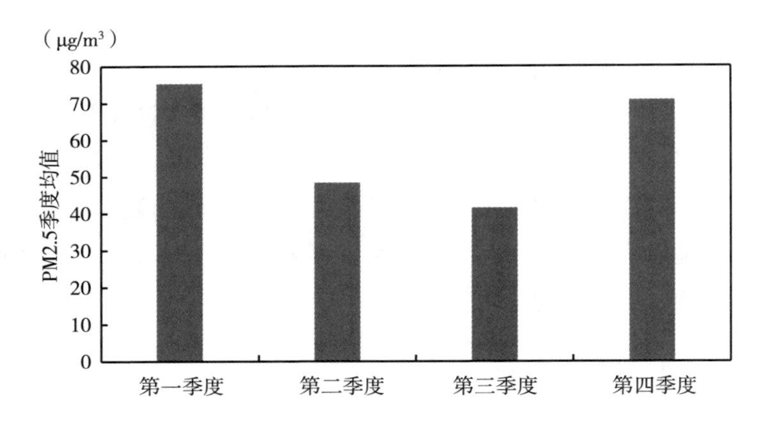

图 3.44　2014～2021 年天津市 PM2.5 季度均值分布

资料来源：2014～2021 年《中国统计年鉴》、2014～2021 年《中国环境统计年鉴》和中国经济信息网（www.cei.cn）。

如图 3.45 所示，2014～2021 年河北省各市 PM2.5 季度分布特征明显。就河北省整体而言，普遍在第一季度最高，第四季度次之，第二季度、第三季度相对较低，且第三季度略低于第二季度，PM2.5 季度均值呈明显的“U”型变化；从不同地区来看，沧州市、廊坊市在各市中受 PM2.5 污染影响程度相对较小，各季度均值浓度低于河北省其他各市，而石家庄市、邯郸市、保定市、邢台市在各市中受 PM2.5 污染影响程度相对较大，且第一季度 PM2.5 季度均值均达到 100μg/m³ 以上。

如图 3.46 所示，2014～2021 年山西省各市 PM2.5 季度分布特征明显。就山西省整体而言，各市 PM2.5 季度均值普遍在第一季度最高，第四季度次之，第二季度、第三季度相对较低，且第三季度略低于第二季度。PM2.5 季度均值呈明显的“U”型变化；从不同地区来看，太原市、晋城市、长治市以及阳泉市均在相同水平上，PM2.5 季度均值最高值均在 70μg/m³ 左右，而太原市相较于山西省各市中受 PM2.5 污染影响程度相对略大，PM2.5 季度均值均略高于山西省其他各市。

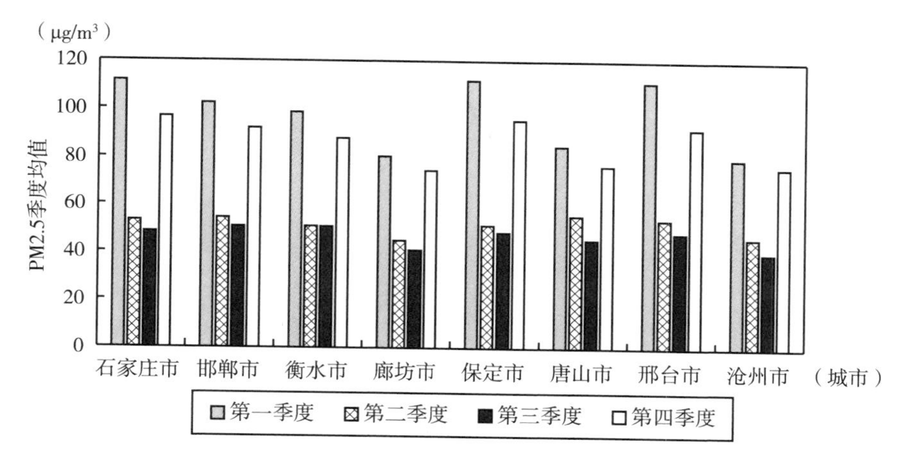

图 3.45　2014～2021 年河北省各市 PM2.5 季度均值分布

资料来源：2014～2021 年《中国统计年鉴》、2014～2021 年《中国环境统计年鉴》和中国经济信息网（www.cei.cn）。

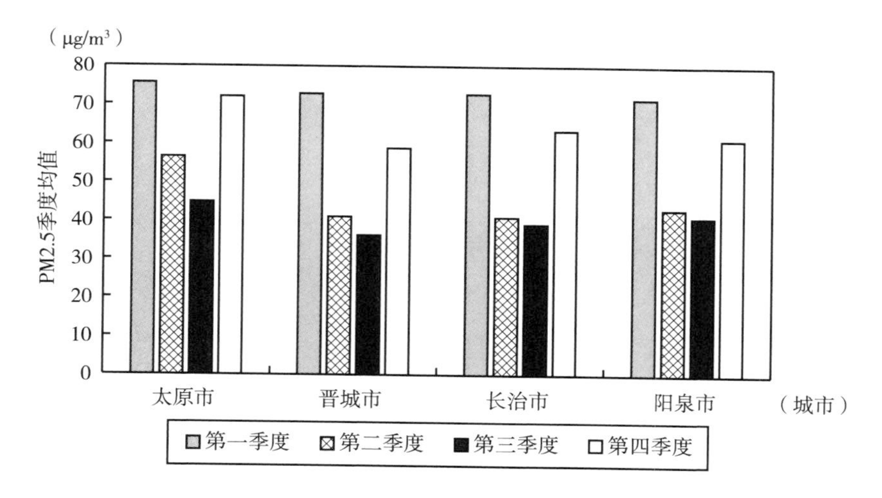

图 3.46　2014～2021 年山西省各市 PM2.5 季度均值分布

资料来源：2014～2021 年《中国统计年鉴》、2014～2021 年《中国环境统计年鉴》和中国经济信息网（www.cei.cn）。

如图 3.47 所示，2014～2021 年山东省各市 PM2.5 季度均值分布特征明显，就山东省整体而言，普遍在第一季度最高，第四季度次之，第二季度、第三季度相对较低，且第三季度略低于第二季度。PM2.5 季度均值呈明显的“U”型变化；从不同地区来看，济南市、滨州市、济宁市、淄博市在山东省各市中受PM2.5污染影响程度相对较小，PM2.5季度均值最高值均在80μg/m³左右，菏泽市、聊城市以及德州市相较于山东省各市中受PM2.5污染影响程度相对较大，PM2.5季度均值最高值均在90μg/m³以上，与其他各市相比略高。

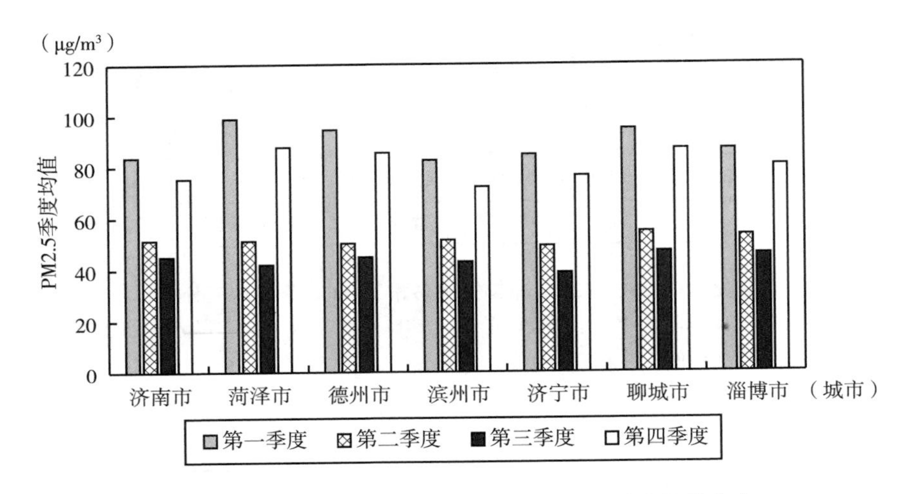

图3.47　2014~2021年山东省各市PM2.5季度均值分布

资料来源：2014~2021年《中国统计年鉴》、2014~2021年《中国环境统计年鉴》和中国经济信息网（www.cei.cn）。

如图3.48所示，2014~2021年河南省各市PM2.5季度均值分布特征明显。就河南省整体而言，普遍在第一季度最高，第四季度次之，第二季度、第三季度相对较低，且第三季度略低于第二季度，PM2.5季度均值呈明显的“U”型变化；从不同地区来看，鹤壁市在河南省各市中受PM2.5污染影响程度相对较小，而安阳市相较于河南省各市中受PM2.5污染影响程度相对较大，且第一季度PM2.5季度均值达到100μg/m³以上，其余各市PM2.5季度均值均在相似水平上，与安阳市相比略低。

（二）PM10季度分析

如图3.49所示，2014~2021年北京市PM10季度均值分布特征明显。PM10季度均值可大体归纳为：第一季度最高，第二季度、第四季度次之，第三季度最低。PM10 季度均值均呈明显的“U”型变化。PM10 在第三季度达到一年中的最小值为 59.06μg/m³，第一季度最高为 92.78μg/m³。

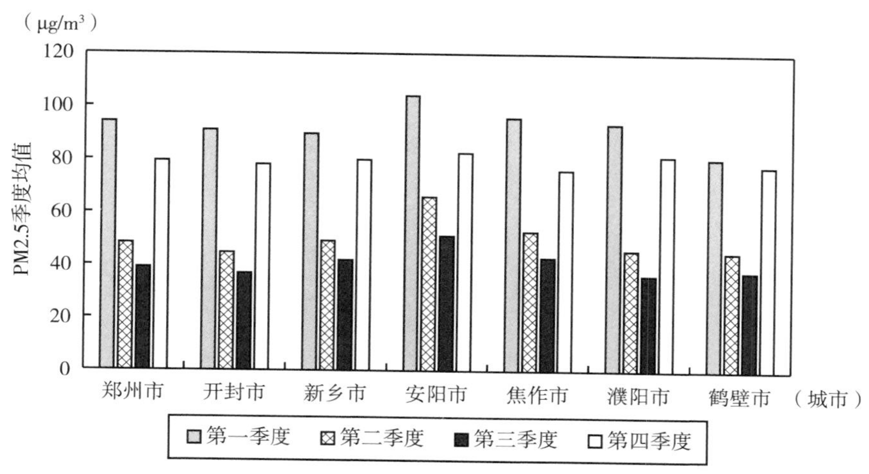

图 3.48　2014～2021 年河南省各市 PM2.5 季度均值分布

资料来源：2014～2021 年《中国统计年鉴》、2014～2021 年《中国环境统计年鉴》和中国经济信息网（www.cei.cn）。

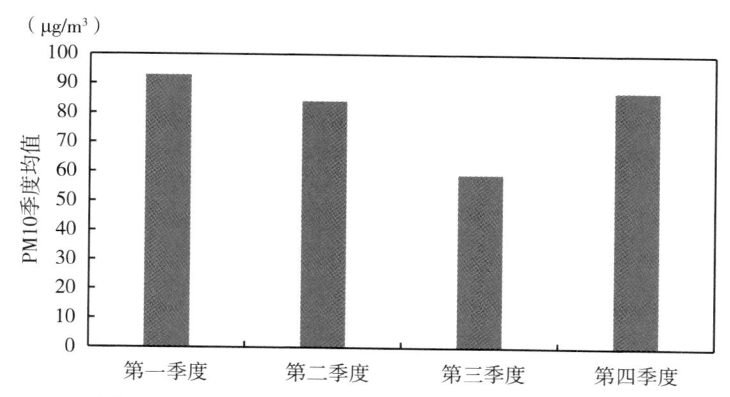

图 3.49　2014～2021 年北京市 PM10 季度均值分布

资料来源：2014～2021 年《中国统计年鉴》、2014～2021 年《中国环境统计年鉴》和中国经济信息网（www.cei.cn）。

如图 3.50 所示，2014～2021 年天津市 PM10 季度分布特征明显。PM10 浓度季度均值可大体归纳为：第一季度最高，第二季度、第四季度次之，第三季度最低。PM10 季度均值均呈明显的“U”型变化。PM10 在第三季度达到一年中的最低值约 41.25μg/m³，第一季度最高约为 75.34μg/m³。

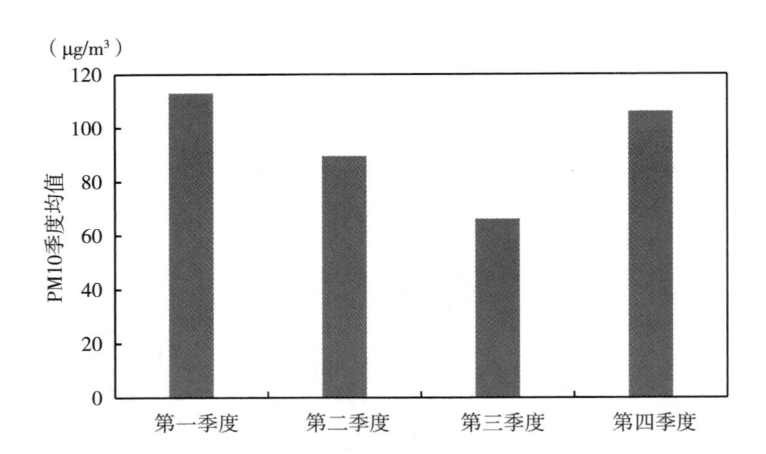

图 3.50　2014～2021 年天津市 PM10 季度均值分布

资料来源：2014～2021 年《中国统计年鉴》、2014～2021 年《中国环境统计年鉴》和中国经济信息网（www.cei.cn）。

如图 3.51 所示，2014～2021 年河北省各市 PM10 季度均值分布特征明显。就河北省整体而言，各市 PM10 季度均值普遍在第一季度最高，第四季度次之，第二季度、第三季度两季相对较低，且第三季度略低于第二季度，河北省各市 PM10 季度均值均呈明显的“U”型变化；从不同地区来看，邢台市以及石家庄市受 PM10 污染影响最严重，PM10 季度均值最高值均在 180μg/m³ 以上，沧州市及廊坊市在各城市中受 PM10 污染影响程度相对较小，PM10 季度均值最高值均在 120～130μg/m³，PM10 季度均值均明显低于河北省其他城市。其他各市 PM10 季度均值最高值均在 180μg/m³ 以下，但都略高于沧州市与廊坊市。

如图 3.52 所示，2014～2021 年山西省各市 PM10 季度分布特征明显。就山西省整体而言，多数地区第四季度最高，第一季度次之，第二季度、第三季度最低，且第三季度略低于第二季度，其他城市 PM10 季度均值普遍在第一季度最高，第四季度次之，第二季度、第三季度最低，且第三季度略低于第二季度。从不同地区来看，太原市在各城市中受 PM10 污染影响程度相对较大，PM10 季度均值高于其他城市，且与其他城市不同的是太原市 PM10 季度均值最高值出现在第四季度并达到 135μg/m³，长治市在各城市中受 PM10 污染影响程度相对较小，PM10 季度均值均低于其他城市，晋城市 PM10 季度均值变动趋势不同于其他地区，第三季度最高，第一季度次之，第二季度、第三季度最低。

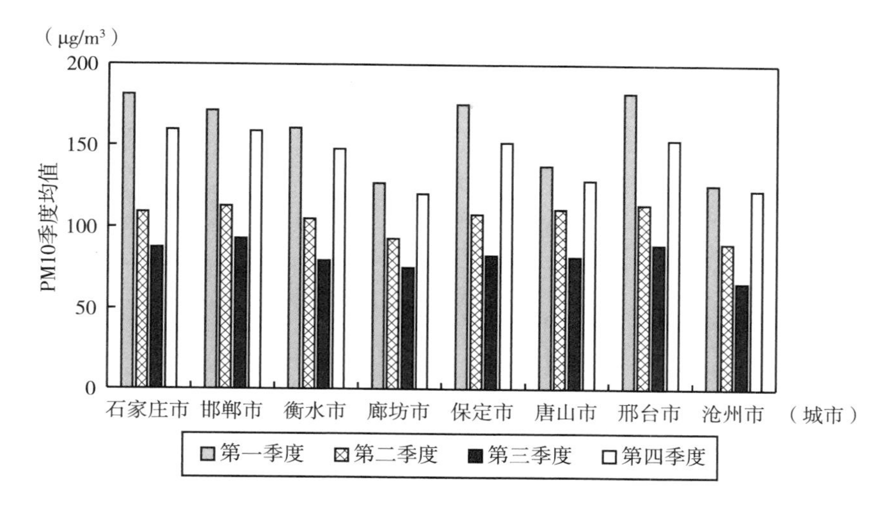

图 3.51　2014～2021 年河北省 PM10 季度均值分布

资料来源：2014～2021 年《中国统计年鉴》、2014～2021 年《中国环境统计年鉴》和中国经济信息网（www.cei.cn）。

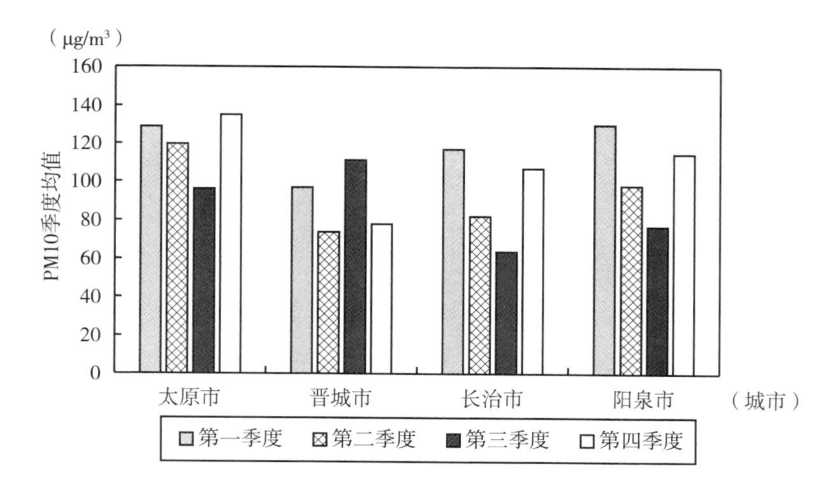

图 3.52　2014～2021 年山西省 PM10 季度均值分布

资料来源：2014～2021 年《中国统计年鉴》、2014～2021 年《中国环境统计年鉴》和中国经济信息网（www.cei.cn）。

如图 3.53 所示，2014～2021 年山东省各市 PM10 季度均值分布特征明显。就山东省整体而言，各市 PM10 季度均值普遍在第一季度最高，第四季度次之，第二季度、第三季度最低，且第三季度略低于第二季度。从不同地区来看，菏泽市在各城市中受 PM10 污染影响程度相对较大，菏泽市 PM10 季度均值均明显高于其他城市，第一季度 PM10 季度均值更是达到 160μg/m³ 以上。滨州市在各城市中受 PM10 污染影响程度相对较小，PM10 季度均值均明显低于其他城市。其他城市 PM10 污染影响程度在相似水平上，PM10 季度均值最高值均在 155μg/m³ 以下。

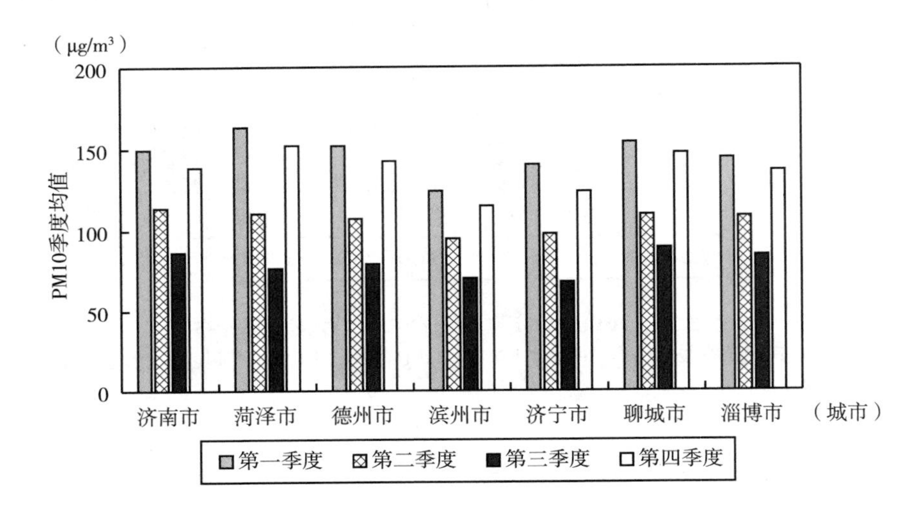

图 3.53　2014~2021 年山东省 PM10 季度均值分布

资料来源：2014~2021 年《中国统计年鉴》、2014~2021 年《中国环境统计年鉴》和中国经济信息网（www. cei. cn）。

如图 3. 54 所示，2014~2021 年河南省各市 PM10 季度均值分布特征明显。就河南省整体而言，各市 PM10 季度均值普遍在第一季度最高，第四季度次之，第二季度、第三季度最低，且第三季度略低于第二季度。河南省各市 PM10 季度均值均呈明显的“U”型变化；从不同地区来看，安阳市在各城市中受 PM10 污染影响程度最严重，并且安阳市的 PM10 季度均值均高于其他城市，PM10 季度均值最高值达到 160μg/m³ 以上。焦作市次之，PM10 季度均值最高值在 150~160μg/m³，其余各市 PM10 季度均值最高值均在 150μg/m³ 以下，开封市在各城市中受 PM10 污染影响程度相对较小，各个季度 PM10 浓度平均值普遍低于其他城市。

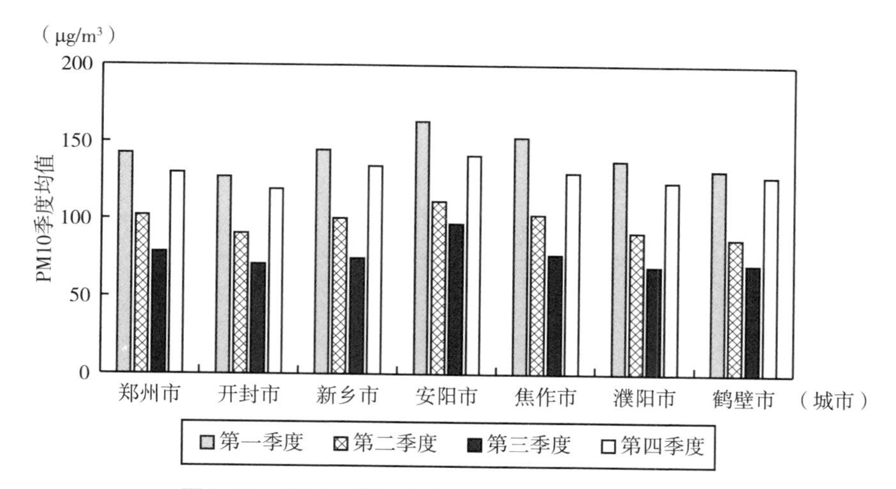

图 3.54 2014~2021 年河南省 PM10 季度均值分布

资料来源：2014~2021 年《中国统计年鉴》、2014~2021 年《中国环境统计年鉴》和中国经济信息网（www.cei.cn）。

（三）CO 季度分析

如图 3.55 所示，2014~2021 年北京市 CO 季度均值分布特征明显，北京市 CO 季度均值可大体归纳为：第一季度最高，第四季度次之，第二季度最低。CO 季度均值呈明显的“U”型变化。CO 在第三季度达到一年中的最低值约为 0.69μg/m³，第一季度最高约为 1.16μg/m³。

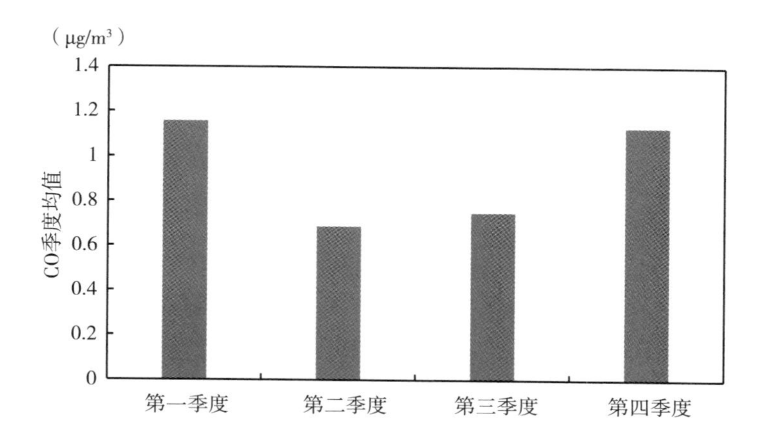

图 3.55 2014~2021 年北京市 CO 季度均值分析

资料来源：2014~2021 年《中国统计年鉴》、2014~2021 年《中国环境统计年鉴》和中国经济信息网（www.cei.cn）。

如图 3.56 所示，2014 ~ 2021 年天津市 CO 季度均值分布特征明显。CO 季度均值可大体归纳为，第一季度最高，第四季度次之，第二季度最低。CO 季度均值呈明显的“U”型变化。CO 在第三季度达到一年中的最低值约为 0.95$\mu g/m^3$，第一季度最高约为 1.45$\mu g/m^3$。

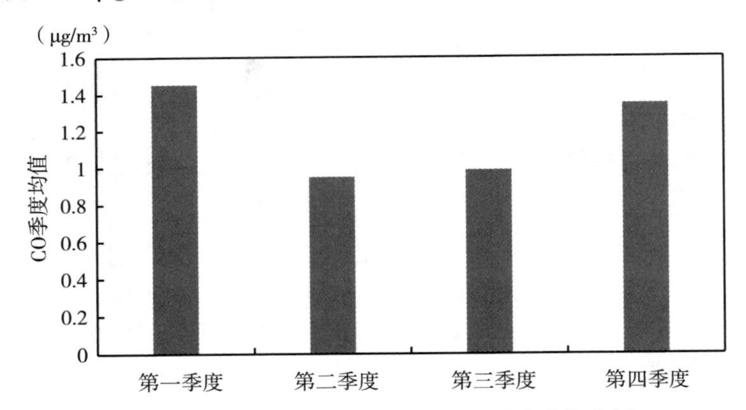

图 3.56　2014 ~ 2021 年天津市 CO 季度均值分析

资料来源：2014 ~ 2021 年《中国统计年鉴》、2014 ~ 2021 年《中国环境统计年鉴》和中国经济信息网（www.cei.cn）。

如图 3.57 所示，2014 ~ 2021 年河北省各市 CO 季度均值分布特征明显。就河北省整体而言，各市 CO 季度均值普遍在第一季度最高，第四季度次之，第二季度、第三季度最低，CO 季度均值均呈明显的“U”型变化。从不同地区来看，唐山市在河北省各城市中受 CO 污染影响程度最严重，CO 季度均值均高于其他城市，且在第一季度达到最高值为 2$\mu g/m^3$ 以上，沧州市、廊坊市、衡水市在河北省各城市中受 CO 污染影响程度相对较小，CO 季度均值均低于其他城市。其他城市 CO 季度均值介于之间但 CO 季度均值最高值均在 2$\mu g/m^3$ 以下。

如图 3.58 所示，2014 ~ 2021 年山西省各市 CO 季度均值分布特征明显。就山西省整体而言，各市 CO 季度均值普遍在第一季度最高，第四季度次之，第二季度、第三季度最低，CO 季度均值均呈明显的“U”型变化。从不同地区来看，晋城市与长治市受 CO 污染影响程度相对较大，晋城市 CO 季度均值最高值达到 1.9$\mu g/m^3$ 以上。阳泉市在山西省各城市中受 CO 污染影响程度相对较小，CO 季度均值均低于其他城市。

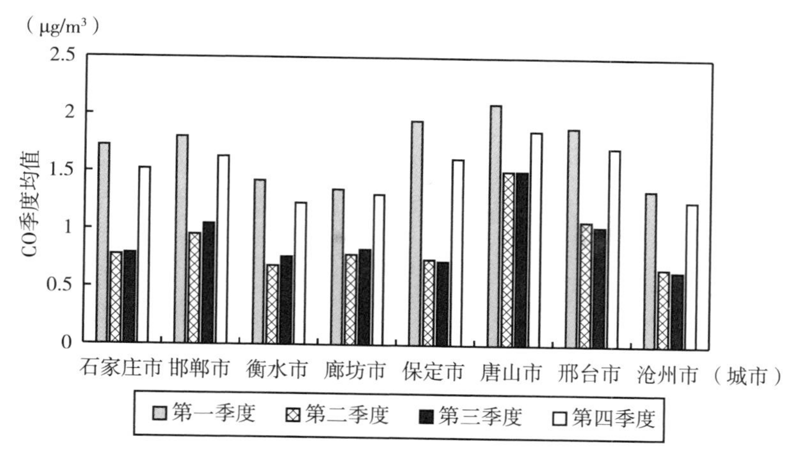

图 3.57 2014～2021 年河北省各市 CO 季度均值分析

资料来源：2014～2021 年《中国统计年鉴》、2014～2021 年《中国环境统计年鉴》和中国经济信息网（www. cei. cn）。

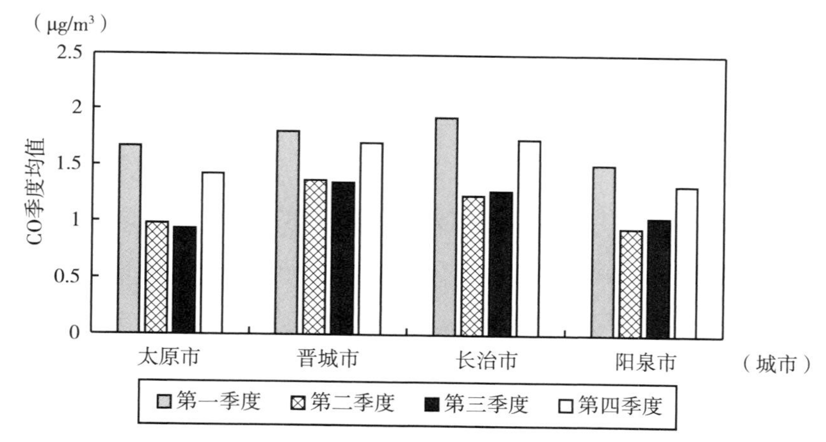

图 3.58 2014～2021 年山西省各市 CO 季度均值分析

资料来源：2014～2021 年《中国统计年鉴》、2014～2021 年《中国环境统计年鉴》和中国经济信息网（www. cei. cn）。

如图 3.59 所示，2014～2021 年山东省各市 CO 季度均值分布特征明显。就山东省整体而言，淄博市第四季度最高，第一季度次之，第二季度、第三季度最低，其他城市 CO 季度均值可大体归纳为第一季度最高，第四季度次之，第二季度、第三季度最低，CO 季度均值均呈明显的“U”型变化。从不同地区来看，滨州市与淄博市在山东省各城市中受 CO 污染影响程度相对较大，CO 季度均值均高于其他城市，且在第一季度达到最高值为 1.6μg/m³ 以上，且在第二季度、第三季度也均在 1μg/m³ 以上，其他城市 CO 季度均值受 CO 污染影响程度相似，但 CO 季度均值最高值均在 1.6μg/m³ 以下。

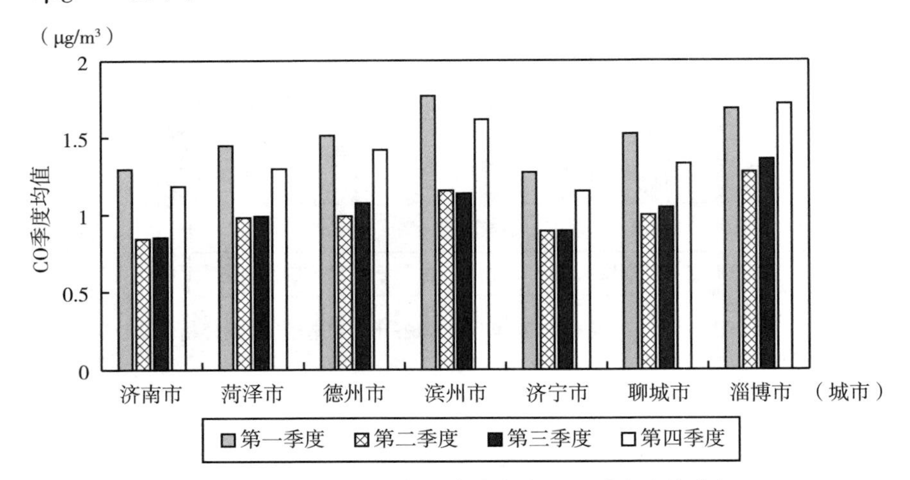

图 3.59 2014～2021 年山东省各市 CO 季度均值分析

资料来源：2014～2021 年《中国统计年鉴》、2014～2021 年《中国环境统计年鉴》和中国经济信息网（www.cei.cn）。

如图 3.60 所示，2014～2021 年河南省各市 CO 季度均值分布特征明显。就河南省整体而言，各市 CO 季度均值普遍在第一季度最高，第四季度次之，第二季度、第三季度最低，CO 季度均值均呈明显的“U”型变化。从不同地区来看，安阳市受 CO 污染影响程度相对较大，CO 季度均值均高于其他城市，且在第一季度达到最高值 2μg/m³ 以上，其他城市 CO 季度均值受 CO 污染影响程度相似，但 CO 季度均值最高值均在 2μg/m³ 以下。

（四）NO_2 季度分析

如图 3.61 所示，2014～2021 年北京市 NO_2 季度均值分布特征明显。NO_2 季度均值可大体归纳为：第四季度最高，第一季度次之，第二季度、第三季度相对较低。NO_2 季度均值呈明显的“U”型变化。NO_2 在第三季度达到一年中的最低值为 31.47μg/m³，第四季度最高约为 51.42μg/m³。

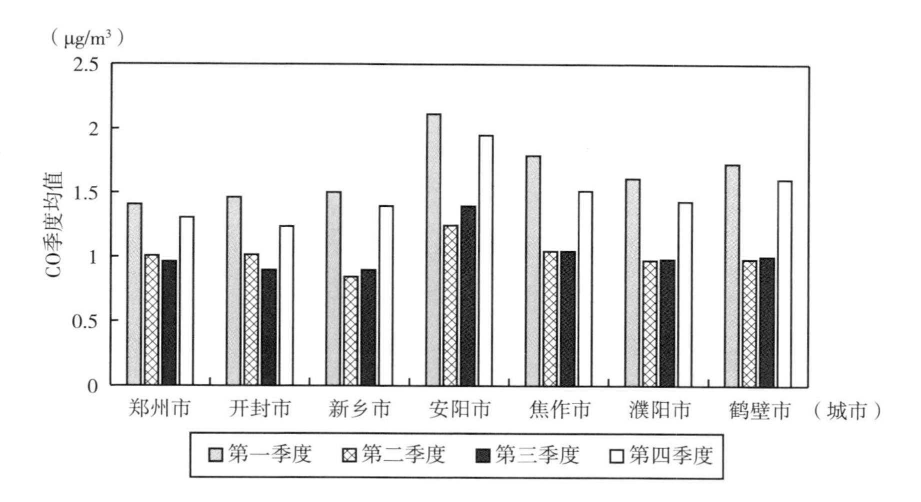

图 3.60 2014～2021 年河南省各市 CO 季度均值分析

资料来源：2014～2021 年《中国统计年鉴》、2014～2021 年《中国环境统计年鉴》和中国经济信息网（www. cei. cn）。

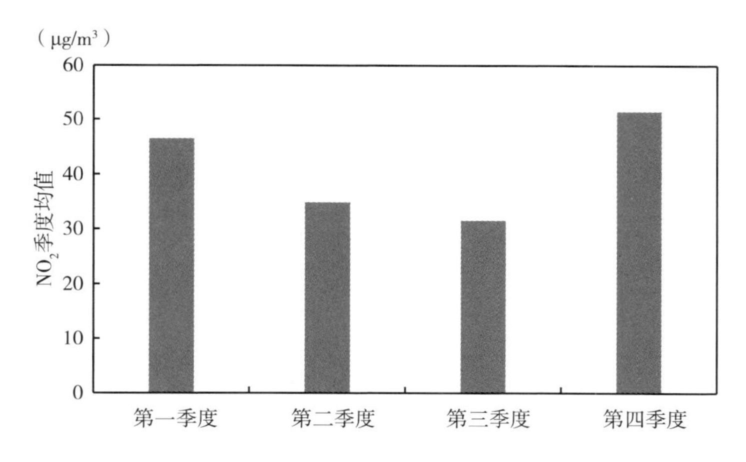

图 3.61 2014～2021 年北京市 NO_2 季度均值分析

资料来源：2014～2021 年《中国统计年鉴》、2014～2021 年《中国环境统计年鉴》和中国经济信息网数据。

如图 3.62 所示，2014～2021 年天津市 NO_2 季度均值分布特征明显。NO_2 季度均值可大体归纳为，第四季度最高，第一季度次之，第二季度、第三季度相对较低。NO_2 季度均值均呈明显的“U”型变化。NO_2 在第三季度达到一年中的最小值为 30.25μg/m³，第四季度最高为 56.9μg/m³。

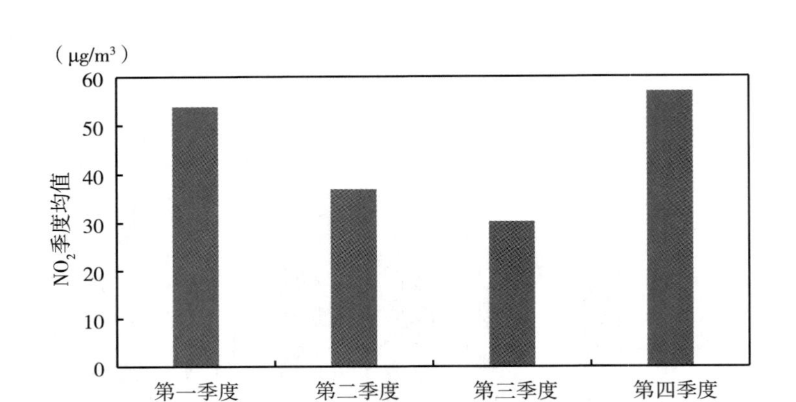

图 3.62　2014～2021 年天津市 NO_2 季度均值分析

资料来源：2014～2021 年《中国统计年鉴》、2014～2021 年《中国环境统计年鉴》和中国经济信息网（www.cei.cn）。

如图 3.63 所示，2014～2021 年河北省各市 NO_2 季度均值分布特征明显。就河北省整体而言，各市 NO_2 季度均值可大体归纳为第四季度最高，第一季度次之，第二季度、第三季度最低，NO_2 季度均值均呈明显的“U”型变化。从不同地区来看，沧州市以及衡水受 NO_2 污染影响程度相对较小，NO_2 季度均值均低于其他城市，且最高值均在 25～30μg/m³，而唐山市在河北省各城市中受 NO_2 污染影响程度相对较高，NO_2 季度均值均高于其他城市，NO_2 季度均值最高值接近 60μg/m³。

如图 3.64 所示，2014～2021 年山西省各市 NO_2 季度均值分布特征明显。就山西省整体而言，各市 NO_2 季度均值可大体归纳为第四季度最高，第一季度次之，第二季度、第三季度最低，NO_2 季度均值均呈明显的“U”型变化。从不同地区来看，太原市在山西省各城市中受 NO_2 污染影响程度相对较大，NO_2 季度均值最高值达到 50μg/m³ 以上。其他城市 NO_2 污染影响程度相似，NO_2 季度均值最高值均在 50μg/m³ 以下。

如图 3.65 所示，2014～2021 年山东省各市 NO_2 季度均值分布特征明显。就山东省地区整体而言，各市 NO_2 季度均值可大体归纳为第四季度最高，第一季度次之，第二季度、第三季度最低，NO_2 季度均值均呈明显的“U”型变化。从不同地区来看，淄博市在山东省各城市中受

NO_2 污染影响程度相对较大，NO_2 季度均值高于其他城市。菏泽市在山东省各城市中受 NO_2 污染影响程度相对较小，NO_2 季度均值均低于其他城市。其他城市 NO_2 污染影响程度相似，NO_2 季度均值最高值普遍在 50μg/m³ 左右。

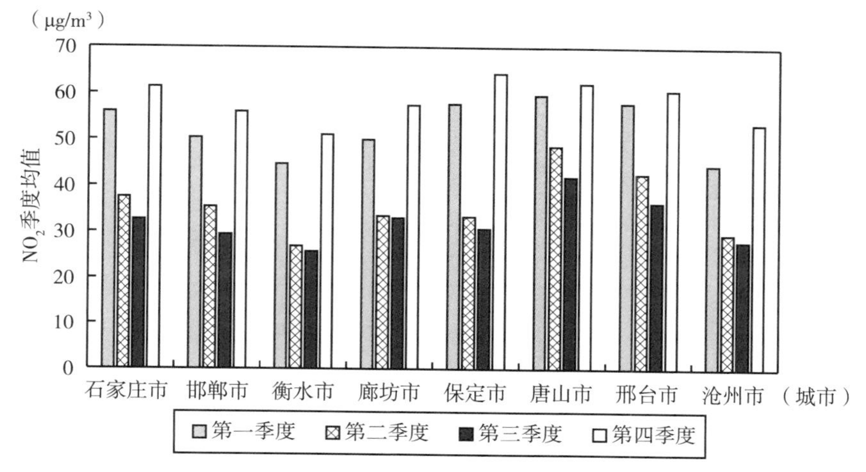

图 3.63 2014～2021 年河北省各市 NO_2 季度均值分析

资料来源：2014～2021 年《中国统计年鉴》、2014～2021 年《中国环境统计年鉴》和中国经济信息网（www.cei.cn）。

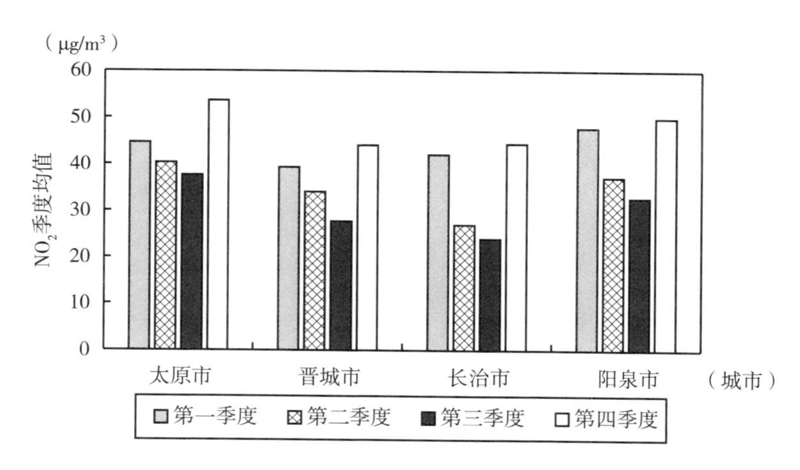

图 3.64 2014～2021 年山西省各市 NO_2 季度均值分析

资料来源：2014～2021 年《中国统计年鉴》、2014～2021 年《中国环境统计年鉴》和中国经济信息网（www.cei.cn）。

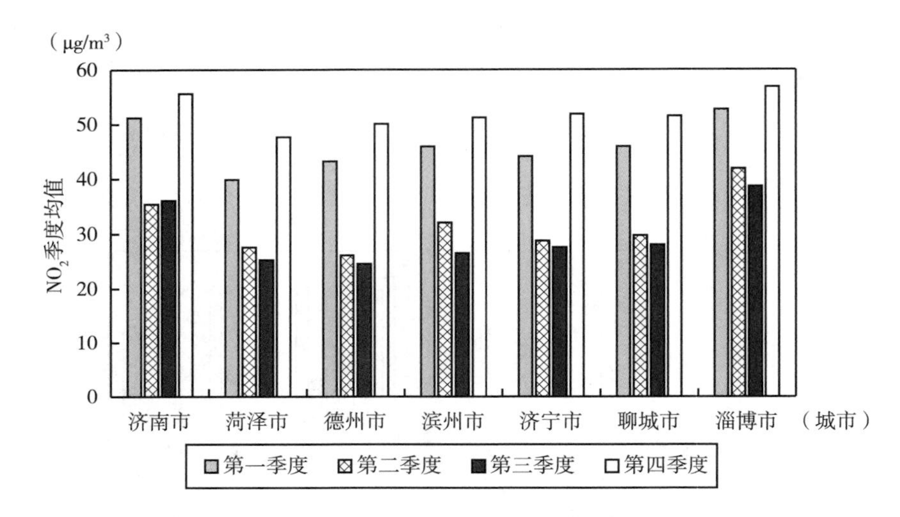

图 3.65　2014～2021 年山东省各市 NO_2 季度均值分析

资料来源：2014～2021 年《中国统计年鉴》、2014～2021 年《中国环境统计年鉴》和中国经济信息网（www.cei.cn）。

如图 3.66 所示，2014～2021 年河南省各市 NO_2 季度均值分布特征明显。就河南省整体而言，各市 NO_2 季度均值可大体归纳为第四季度最高，第一季度次之，第二季度、第三季度最低，NO_2 季度均值均呈明显的“U”型变化。从不同地区来看，郑州市以及新乡市在河南省各城市中受 NO_2 污染影响程度相对较大，NO_2 季度均值最高值接近 60μg/m³。濮阳市在河南省各城市中受 NO_2 污染影响程度相对较小，NO_2 季度均值均低于其他城市。其他城市 NO_2 污染影响程度相似，NO_2 季度均值最高值普遍在 50μg/m³。

（五）O_3 季度分析

如图 3.67 所示，2014～2021 年北京市 O_3 季度均值分布特征明显。O_3 季度均值可大体归纳为：第二季度最高，第三季度次之，第一季度、第四季度相对较低。O_3 季度均值均呈明显的倒“U”型变化。O_3 在第四季度达到一年中的最小值约 42.39μg/m³，第二季度最高约为 142.2μg/m³。

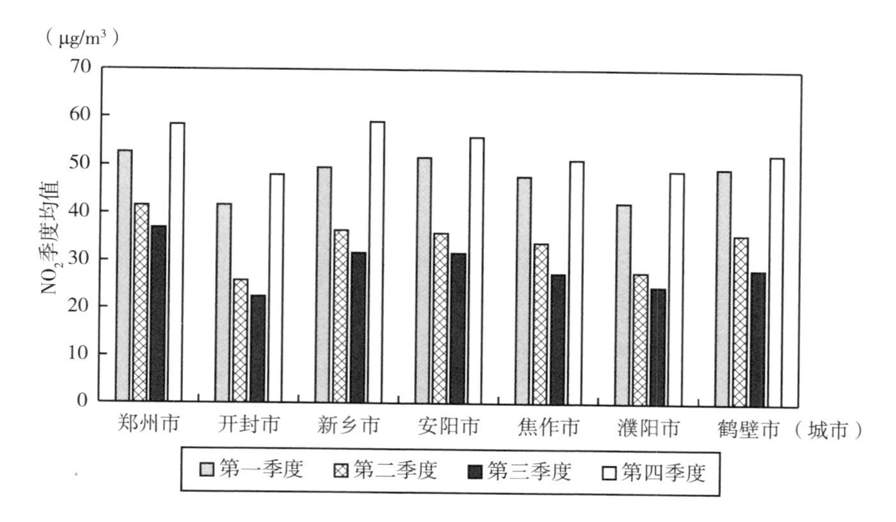

图 3.66 2014～2021 年河南省各市 NO_2 季度均值分析

资料来源：2014～2021 年《中国统计年鉴》、2014～2021 年《中国环境统计年鉴》和中国经济信息网（www.cei.cn）。

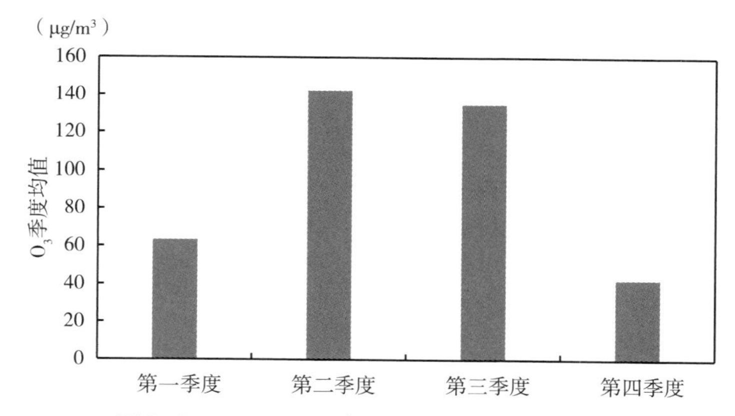

图 3.67 2014～2021 年北京市 O_3 季度均值分析

资料来源：2014～2021 年《中国统计年鉴》、2014～2021 年《中国环境统计年鉴》和中国经济信息网（www.cei.cn）。

如图 3.68 所示：2014～2021 年天津市 O_3 季度均值分布特征明显。O_3 季度均值可大体归纳为，第二季度最高，第三季度次之，第一季度、第四季度相对较低。O_3 季度均值均呈明显的倒“U”型变化。O_3 季度均值在第四季度达到一年中的最小值为 48.36μg/m³，第二季度最大值为 134.15μg/m³。

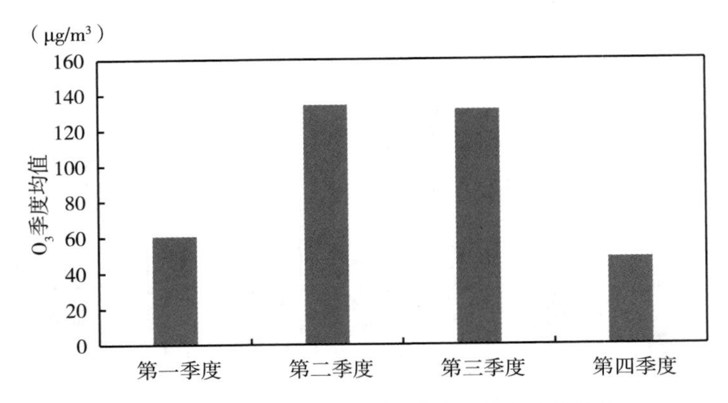

图 3.68　2014～2021 年天津市 O_3 季度均值分析

资料来源：2014～2021 年《中国统计年鉴》、2014～2021 年《中国环境统计年鉴》和中国经济信息网（www.cei.cn）。

如图 3.69 所示，2014～2021 年河北省各市 O_3 季度均值分布特征明显。就河北省整体而言，各市 O_3 季度均值可大体归纳为第二季度最高，第三季度次之，第二季度、第三季度相对较低，O_3 季度均值均呈明显的倒"U"型变化。从不同地区来看，衡水市在河北省各城市中受 O_3 污染影响程度相对较大，O_3 季度均值均略高于其他城市，最高值达到 150μg/m³ 以上。石家庄市在河北省各城市中受 O_3 污染影响程度相对较小，O_3 季度均值均略低于其他城市。其他各城市 O_3 季度均值普遍在 140～150μg/m³。

如图 3.70 所示，2014～2021 年山西省各市 O_3 季度均值分布特征明显。就山西省地区整体而言，各市 O_3 季度均值可大体归纳为第二季度最高，第三季度次之，第一季度与第四季度相对较低，O_3 季度均值均呈明显的倒"U"型变化。从不同地区来看，太原市在山西省各城市中受 O_3 污染影响程度相对较小，O_3 季度均值均低于其他城市且季度均值最高值在 100μg/m³ 左右，其他各市季度均值最高值均在 130μg/m³ 以上。

如图 3.71 所示，2014～2021 年山东省各市 O_3 季度均值分布特征明显。在时间维度上，各市 O_3 季度均值普遍在第二季度最高，第四季度最低，就山东省整体而言，各市 O_3 季度均值可大体归纳为第二季度最高，第三季度次之，第一季度与第四季度相对较低，O_3 季度均值均呈明显的倒

"U"型变化。从不同地区来看，济南市、德州市、济宁市、淄博市受 O_3 污染影响程度相对略大，季度均值最高值均在 150μg/m³ 以上，略高于其他城市，其他城市均在 150μg/m³ 以下，其中滨州市受 O_3 污染影响程度相对较小，O_3 季度均值均略低于其他城市。

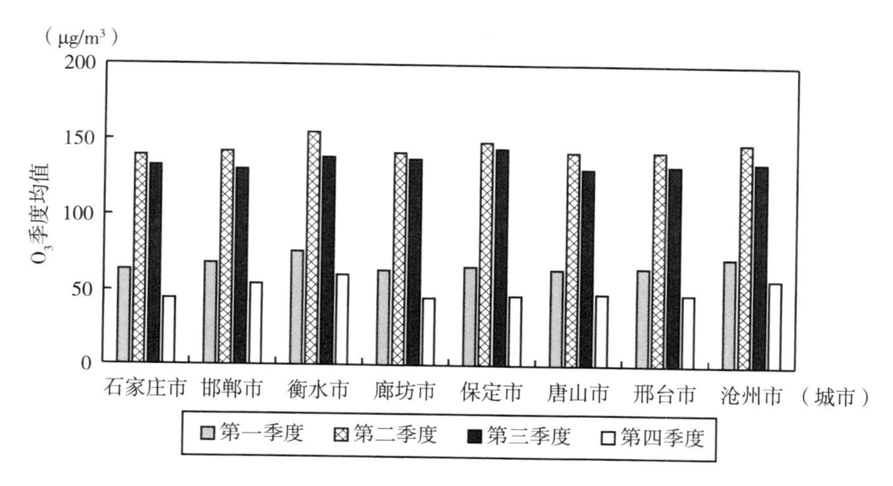

图 3.69　2014～2021 年河北省各市 O_3 季度均值分析

资料来源：2014～2021 年《中国统计年鉴》、2014～2021 年《中国环境统计年鉴》和中国经济信息网（www. cei. cn）。

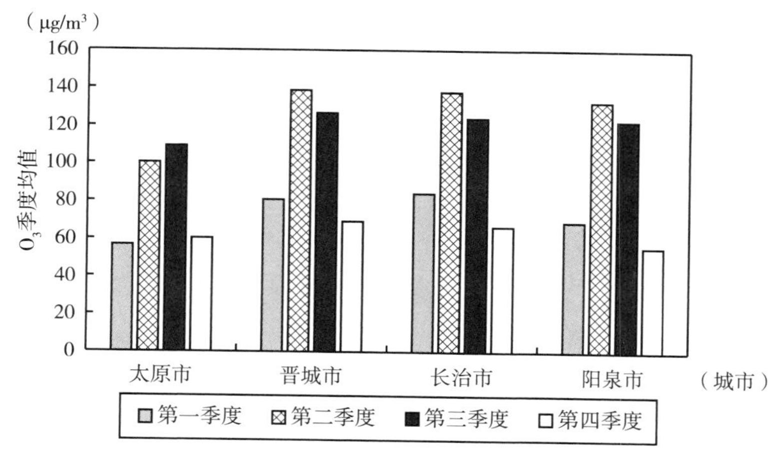

图 3.70　2014～2021 年山西省各市 O_3 季度均值分析

资料来源：2014～2021 年《中国统计年鉴》、2014～2021 年《中国环境统计年鉴》和中国经济信息网（www. cei. cn）。

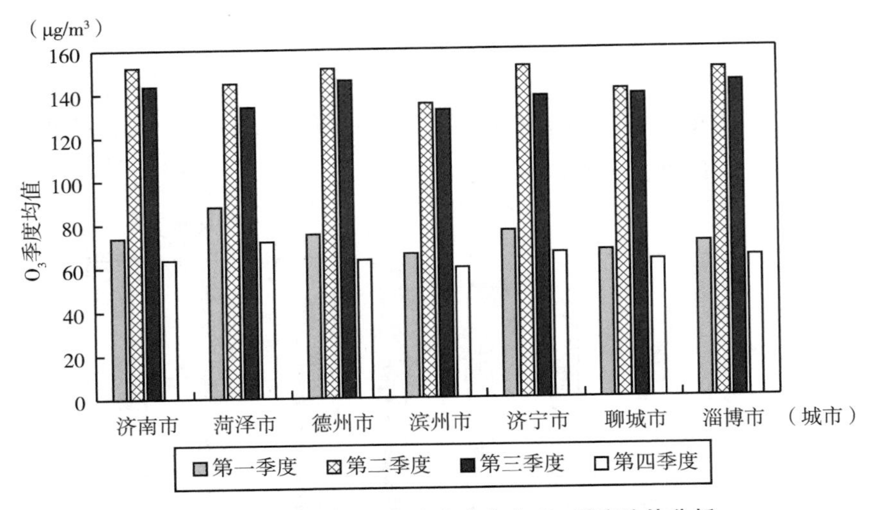

图 3.71　2014～2021 年山东省各市 O_3 季度均值分析

资料来源：2014～2021 年《中国统计年鉴》、2014～2021 年《中国环境统计年鉴》和中国经济信息网（www. cei. cn）。

如图 3.72 所示，2014～2021 年河南省各市 O_3 季度均值分布特征明显。就河南省整体而言，各市 O_3 季度均值可大体归纳为第二季度最高，第三季度次之，第一季度与第四季度相对较低，O_3 季度均值均呈明显的倒"U"型变化。从不同地区来看，河南省各城市中受 O_3 污染影响程度相似，各城市 O_3 季度均值普遍在 140～145μg/m³。

（六）SO_2 季度分析

如图 3.73 所示，2014～2021 年北京市 SO_2 季度均值分布特征明显。SO_2 季度均值可大体归纳为，第一季度最高，第四季度次之，第二季度、第三季度相对较低，且第三季度略低于第二季度。SO_2 季度均值均呈明显的"U"型变化。SO_2 在第三季度达到一年中的最小值 3.4μg/m³，第一季度最大值为 16.3μg/m³。

如图 3.74 所示，2014～2021 年天津市 SO_2 季度均值分布特征明显。SO_2 季度均值可大体归纳为，第一季度最高，第四季度次之，第二季度、第三季度相对较低，且第三季度略低于第二季度。SO_2 季度均值均呈明显的"U"型变化。SO_2 在第三季度达到一年中的最低值 9.66μg/m³，第一季

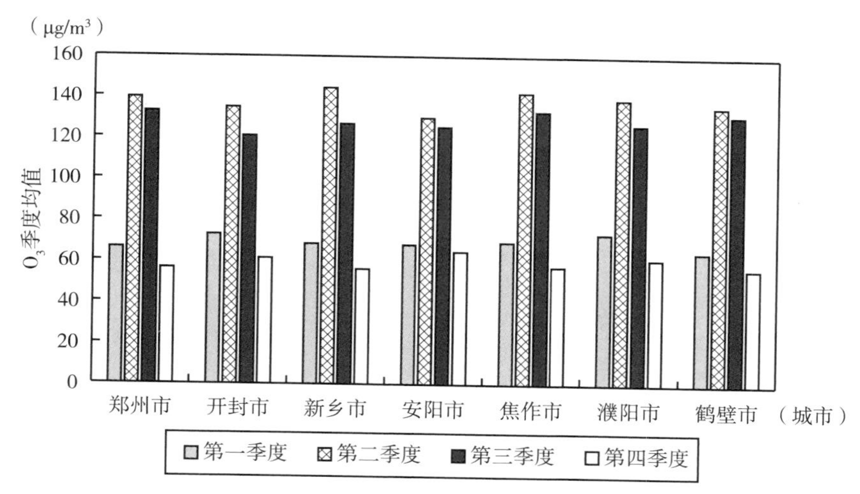

图 3.72 2014~2021 年河南省各市 O_3 季度均值分析

资料来源：2014~2021 年《中国统计年鉴》、2014~2021 年《中国环境统计年鉴》和中国经济信息网（www.cei.cn）。

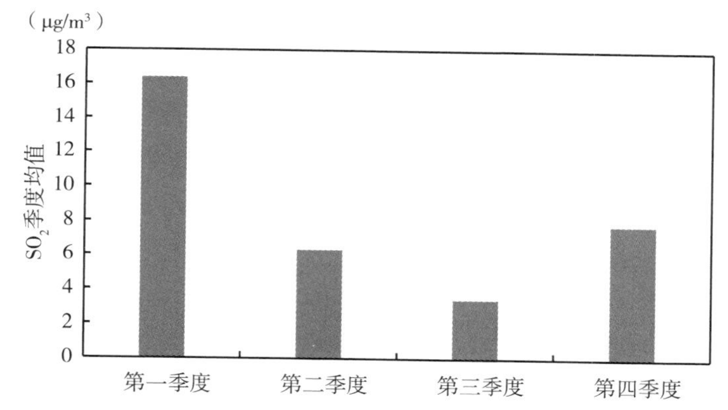

图 3.73 2014~2021 年北京市 SO_2 季度均值分析

资料来源：2014~2021 年《中国统计年鉴》、2014~2021 年《中国环境统计年鉴》和中国经济信息网（www.cei.cn）。

度最高为 32.41μg/m³。

如图 3.75 所示，2014~2021 年河北省各市 SO_2 季度分布特征明显。就河北省整体而言，各市 SO_2 季度均值可大体归纳为，第一季度最高，第四季度次之，第二季度、第三季度相对较低，且第三季度略低于第二季度。各市 SO_2 季度均值均呈明显的“U”型变化。从不同地区来看，邢台市在各市中受 SO_2 污染影响程度相对较大，各个季度均值浓度都高于河北省其他各市，且季度均值最高值达到 60μg/m³ 以上。廊坊市、衡水市、沧州市在各市中受 SO_2 污染影响程度相对较小，各个季度均值相对低于其他各市。

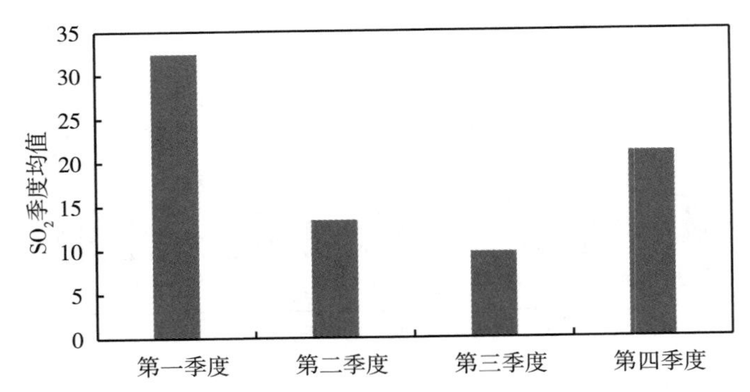

图 3.74　2014～2021 年天津市 SO_2 季度均值分析

资料来源：2014～2021 年《中国统计年鉴》、2014～2021 年《中国环境统计年鉴》和中国经济信息网（www.cei.cn）。

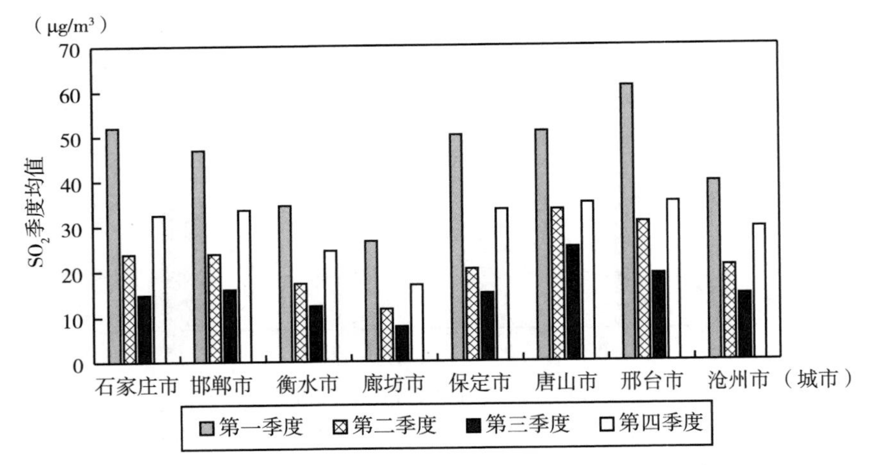

图 3.75　2014～2021 年河北省各市 SO_2 季度均值分析

资料来源：2014～2021 年《中国统计年鉴》、2014～2021 年《中国环境统计年鉴》和中国经济信息网（www.cei.cn）。

如图 3.76 所示，2014～2021 年山西省各市 SO_2 季度均值分布特征明显。就山西省整体而言，各市 SO_2 季度均值可大体归纳为，第一季度最高，第四季度次之，第二季度、第三季度相对较低，且第三季度略低于第二季度。各市 SO_2 季度均值均呈明显的“U”型变化。从不同地区来看，其中，太原市受 SO_2 污染影响程度相对较大，其 SO_2 季度均值达到 70μg/m³，晋城市与长治市在各市中受 SO_2 污染影响程度相对较小，其 SO_2 季度均值在 55μg/m³ 左右。

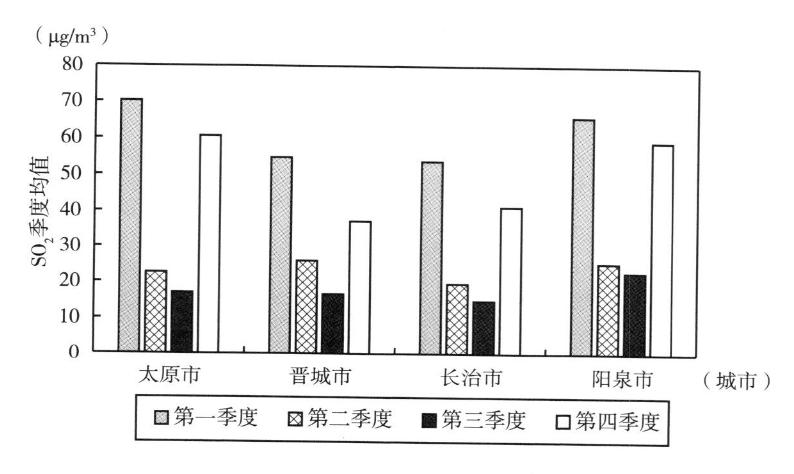

图 3.76　2014～2021 年山西省各市 SO_2 季度均值分析

资料来源：2014～2021 年《中国统计年鉴》、2014～2021 年《中国环境统计年鉴》和中国经济信息网（www. cei. cn）。

如图 3.77 所示，2014～2021 年山东省各市 SO_2 季度均值分布特征明显。就山东省整体而言，各市 SO_2 季度均值可大体归纳为，第一季度最高，第四季度次之，第二季度、第三季度相对较低，且第三季度略低于第二季度。各市 SO_2 季度均值均呈明显的"U"型变化。从不同地区来看，淄博市在各市中受 SO_2 污染影响程度相对较大，季度均值浓度均高于山东省其他各市，其 SO_2 季度均值最高值达到 65μg/m³，菏泽市与聊城市受 SO_2 污染影响程度相对较小，其 SO_2 季度均值最高值均在 35μg/m³ 左右，其他各市 SO_2 季度均值最高值普遍在 40～50μg/m³。

如图 3.78 所示，2014～2021 年河南省各市 SO_2 季度均值分布特征明显。在时间维度上，各市 SO_2 季度均值普遍在第一季度最高，第三季度最低；就河南省整体而言，各市 SO_2 季度均值可大体归纳为，第一季度最高，第四季度次之，第二季度、第三季度相对较低，且第三季度略低于第二季度。各市 SO_2 季度均值均呈明显的"U"型变化。从不同地区来看，

安阳市在各市中受 SO_2 污染影响程度相对最严重，次之，新乡市、焦作市、鹤壁市受 SO_2 污染影响程度相对比较大，其 SO_2 季度均值最高值均在 40μg/m³ 以上，郑州市、开封市、濮阳市受 SO_2 污染影响程度相对较小，其 SO_2 季度均值最高值均在 30μg/m³ 左右。

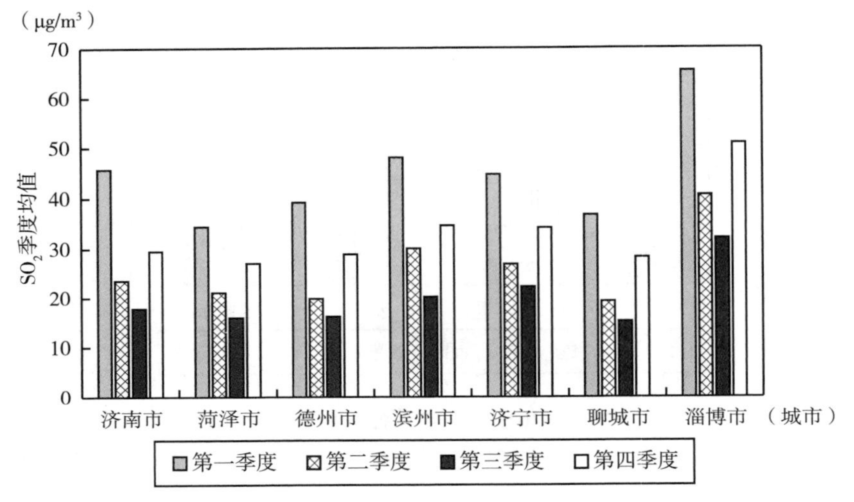

图 3.77　2014～2021 年山东省各市 SO_2 季度均值分析

资料来源：2014～2021 年《中国统计年鉴》、2014～2021 年《中国环境统计年鉴》和中国经济信息网（www. cei. cn）。

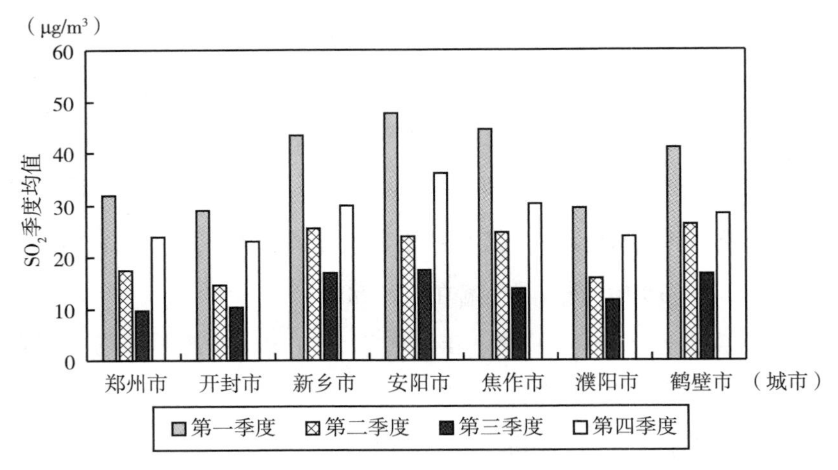

图 3.78　2014～2021 年河南省各市 SO_2 季度均值分析

资料来源：2014～2021 年《中国统计年鉴》、2014～2021 年《中国环境统计年鉴》和中国经济信息网（www. cei. cn）。

四、大气污染物年内逐月变化

京津冀及周边地区的大气污染程度逐月变化总体程度明显好转，但是仍然较为严重。对于2014～2021年PM2.5的月平均变化，在时间维度上，京津冀及周边地区2014～2021年PM2.5的月度均值总体呈先降后升趋势，均呈“U”型曲线分布，均在8月达到最低；在空间维度上，由南至北，在地理位置上位于京津冀及周边地区北方的城市PM2.5的月度均值明显低于在地理位置上位于京津冀及周边地区南方的城市。对于2014～2021年PM10浓度的月平均变化，在时间维度上，京津冀及周边地区2014～2021年PM10浓度的月度均值总体呈先降后升趋势，均呈“U”型曲线分布，均在8月达到最低，且在10月到次年5月28个城市中的大部分城市PM10浓度达到了国家规定的大气环境质量二级标准（$70\mu g/m^3$）；在空间维度上，由南至北，在地理位置上位于京津冀及周边地区北方的城市PM10的月度均值明显低于在地理位置上位于京津冀及周边地区南方的城市。对于2014～2021年CO的月平均变化，在时间维度上，京津冀及周边地区2014～2021年CO的月度均值总体呈先降后升趋势，均呈“U”型曲线分布，28个城市中的大部分城市在7月达到最低，且在12个月中28个城市的CO各月度均值均低于《环境空气质量标准》（GB 3095—2016）二级标准（$4\mu g/m^3$）；在空间维度上，在这12个月期间，河南省的8个城市CO的月度均值最高，北京市的CO的月度均值最低。对于2014～2021年NO_2的月平均变化，在时间维度上，京津冀及周边地区2014～2021年NO_2的月度均值总体呈先降后升趋势，均呈“U”型曲线分布，在1～5月迅速下降之后小幅度上升，随后迅速下降，均在7月达到最低，且在12个月中28个城市的NO_2各月度均值均低于《环境空气质量标准》（GB 3095—2016）二级标准（$80\mu g/m^3$）；在空间维度上，在这12个月期间，河北省的8个城市NO_2的月度均值最高，北京市的NO_2的月度均值最低。对于2014～2021年O_3的月平均变化，在时间维度上，京津冀及周边地区 2014~2021 年 O_3 的月度均值总体呈先升后降趋势，均呈倒“U”型曲线分布，均在 6 月达到最高；在空间维度上，在 12 个月期间，山东省的 7 个城市 O_3 的月度均值最高，北京市的 O_3 的月度均值最低。对于 2014~2021 年 SO_2 的月平均变化，在时间维度上，京津冀及周边地区 2014~2021 年 SO_2 的月度均值总体呈先降后升趋势，均呈“U”型曲线分布，且在 12 个月中 28 个城市的 SO_2 各月度均值均低于《环境空气质量标准》（GB3095－2012）二级标准（150μg/m^3）；在空间维度上，在 12 个月期间，河北省的 8 个城市 SO_2 的月度均值最高，北京市的 SO_2 的月度均值最低。

（一）PM2.5 月度分布

如图 3.79 所示，2014~2021 年北京市 PM2.5 的月度均值分布特征显著。在时间维度上，北京市 PM2.5 月度均值呈先降后升的“U”型曲线特征。具体表现为：北京市 PM2.5 月度均值 1~3 月数值相对较高且变化平稳，4~6 月迅速下降，7~8 月小幅度上升随后迅速下降，9~12 月迅速上升；全年 11 月到次年 3 月 PM2.5 月度均值相对较高，为高峰值区间，4~9 月 PM2.5 月度均值相对较低，为低谷值区间。其中，北京市 PM2.5 月度均值在 11 月到次年 3 月月度均值相对较高，在 2 月和 8 月达到最大值和最小值，最大值为 72μg/m^3，最小值为 36μg/m^3。

如图 3.80 所示，2014~2021 年天津市 PM2.5 月度均值分布特征明显。在时间维度上，天津市 PM2.5 月度均值呈先降后升的“U”型曲线特征。具体表现为：天津市 PM2.5 月度均值 1~4 月迅速下降，5~8 月数值相对较低且变化平稳，9~12 月迅速上升；全年 11 月到次年 3 月 PM2.5 月度均值相对较高，为高峰值区间，4~10 月 PM2.5 月度均值相对较低，为低谷值区间。其中，天津市 PM2.5 月度均值在 11 月到次年 3 月数值相对较高，在 12 月和 8 月达到最大值和最小值，最大值为 86μg/m^3，最小值为 37μg/m^3。

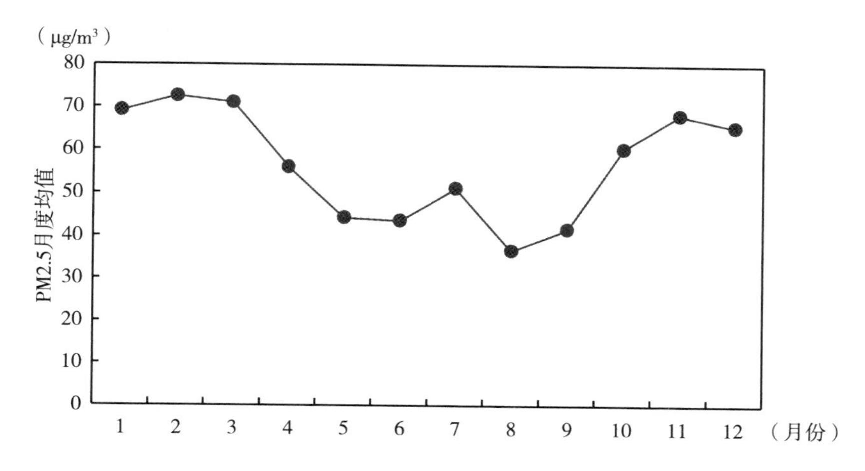

图 3.79　2014～2021 年北京市 PM2.5 月度均值变化

资料来源：2014～2021 年《中国统计年鉴》、2014～2021 年《中国环境统计年鉴》和中国经济信息网（www.cei.cn）。

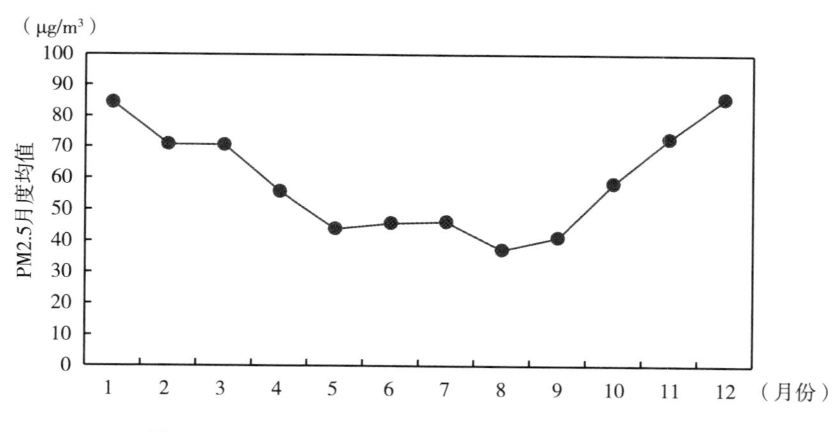

图 3.80　2014～2021 年天津市 PM2.5 月度均值变化

资料来源：2014～2021 年《中国统计年鉴》、2014～2021 年《中国环境统计年鉴》和中国经济信息网（www.cei.cn）。

如图 3.81 所示，2014～2021 年河北省各市 PM2.5 月度均值分布特征显著。在时间维度上，各市 PM2.5 月度均值呈先降后升的"U"型曲线特征。具体表现为：各市 PM2.5 月度均值 1～4 月迅速下降，5～8 月月度均值相对较低且变化平稳，9～12 月迅速上升；全年 11 月到次年 2 月 PM2.5 月度均值相对较高，为高峰值区间，3～10 月 PM2.5 月度均值相对较低，为低谷值区间。从不同地区来看，沧州市、廊坊市、唐山市在各市中受PM2.5污染影响程度较小，各月PM2.5月度均值浓度均低于河北省其他市，沧州市在9月PM2.5月度均值浓度达到最小值，为37μg/m³，而石家庄市、保定市、邢台市、衡水市、邯郸市在各市中受PM2.5污染影响程度较大，11月到次年2月PM2.5月度均值浓度均达到90μg/m³以上，邢台市在1月PM2.5月度均值浓度达到最大值，为143μg/m³。

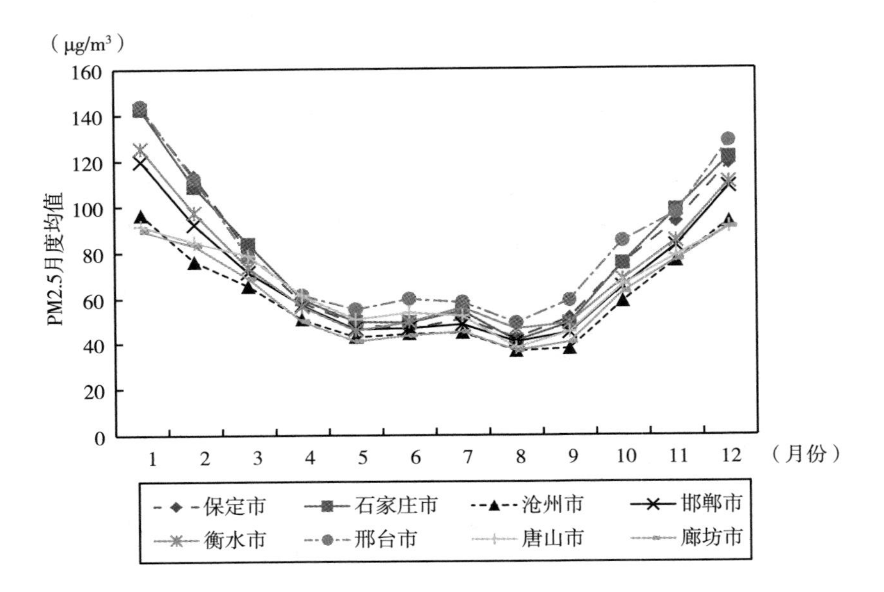

图3.81　2014～2021年河北省PM2.5月度均值变化

资料来源：2014～2021年《中国统计年鉴》、2014～2021年《中国环境统计年鉴》和中国经济信息网（www.cei.cn）。

如图3.82所示，2014～2021年山西省PM2.5的月度均值分布特征明显。在时间维度上，山西省PM2.5月度均值呈先降后升的“U”型曲线特征。具体表现为：除太原市外，山西省各市PM2.5月度均值1～4月迅速下降，5～8月数值相对较低且变化平稳。9～12月迅速上升；太原市PM2.5月度均值1～7月迅速下降，8～12月迅速上升；全年11月到次年3月PM2.5月度均值相对较高，为高峰值区间，4～10月PM2.5月度均值相对较低，为低谷值区间。从不同地区来看，晋城市在各市中受PM2.5污染影响程度较小，除1月和12月外，大部分月份PM2.5月度均值均低于山西省其他市，5～9月PM2.5月度均值均在35μg/m³左右，在8月达到最小值，最小值为34μg/m³，而太原市、阳泉市、长治市在各市中受PM2.5污染影响程度较大，11月到次年3月PM2.5月度均值均达到60μg/m³以上，长治市和晋城市在1月PM2.5月度均值均达到90μg/m³以上，最大值为94μg/m³。

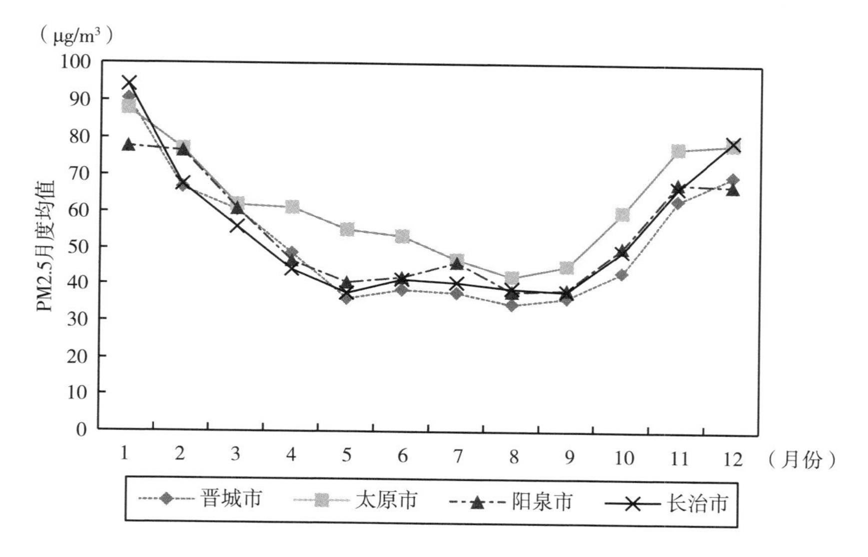

图3.82　2014～2021年山西省PM2.5月度均值变化

资料来源：2014～2021年《中国统计年鉴》、2014～2021年《中国环境统计年鉴》和中国经济信息网（www.cei.cn）。

如图3.83所示，2014～2021年山东省各市PM2.5的月度均值分布特征明显。在时间维度上，各市PM2.5月度均值呈先降后升的“U”型曲线特征。具体表现为：各市PM2.5月度均值1～4月迅速下降，5～8月度均值相对较低且变化平稳。9～12月迅速上升；全年11月到次年2月PM2.5月度均值相对较高，为高峰值区间，3～10月PM2.5月度均值相对较低，为低谷值区间。从不同地区来看，济宁市、菏泽市、滨州市在各市中受PM2.5污染影响程度较小，除1月和12月外，大部分月份PM2.5月度均值均低于山东省其他市，5～8月PM2.5月度均值均在45μg/m³左右，济宁市在7月PM2.5月度均值达到最小值，为36μg/m³，而德州市、淄博市、济南市、聊城市在各市中受PM2.5污染影响程度较大，11月到次年2

月 PM2.5 月度均值均达到 70μg/m³ 以上，菏泽市在 1 月 PM2.5 月度均值达到最大值，为 131μg/m³。

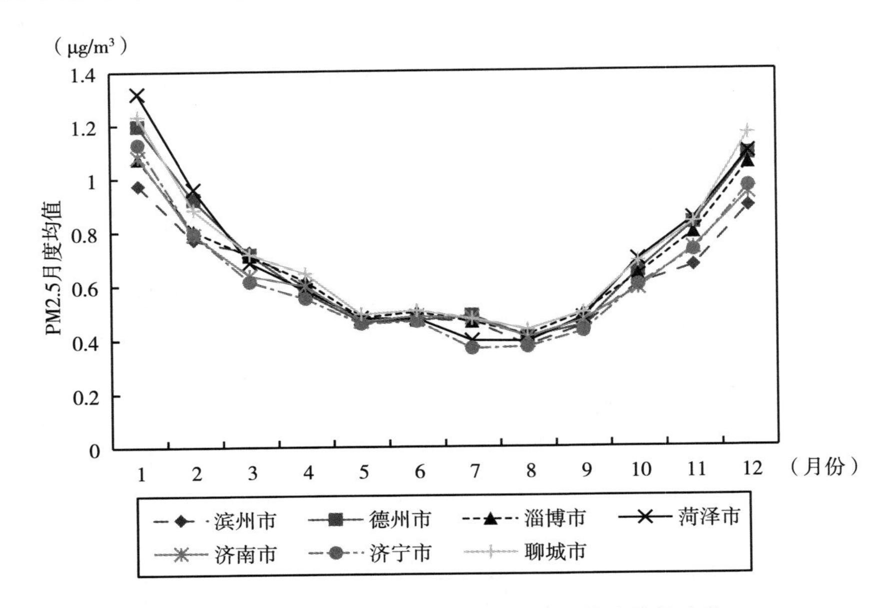

图 3.83　2014～2021 年山东省 PM2.5 月度均值变化

资料来源：2014～2021 年《中国统计年鉴》、2014～2021 年《中国环境统计年鉴》和中国经济信息网（www.cei.cn）。

如图 3.84 所示，2014～2021 年河南省各市 PM2.5 的月度均值分布特征显著。在时间维度上，各市 PM2.5 月度均值呈先降后升的"U"型曲线特征。具体表现为：各市 PM2.5 月度均值 1～4 月迅速下降，5～8 月月度均值相对较低且变化平稳。9～12 月迅速上升；全年 11 月到次年 2 月 PM2.5 月度均值相对较高，为高峰值区间，3～10 月 PM2.5 月度均值相对较低，为低谷值区间。从不同地区来看，焦作市、新乡市、濮阳市、鹤壁市在各市中受 PM2.5 污染影响程度较小，除 11 月和 12 月外，大部分月份 PM2.5 月度均值浓度均低于河南省其他市，5～9 月 PM2.5 月度均值浓度均在 40μg/m³ 左右，濮阳市在 7 月 PM2.5 月度均值达到最小值，为 29μg/m³，而安阳市、郑州市、开封市在各市中受 PM2.5 污染影响程度较大，11 月到次年 2 月 PM2.5 月度均值均达到 90μg/m³ 以上，开封市在 1 月 PM2.5 月度均值达到最大值，为 130μg/m³。

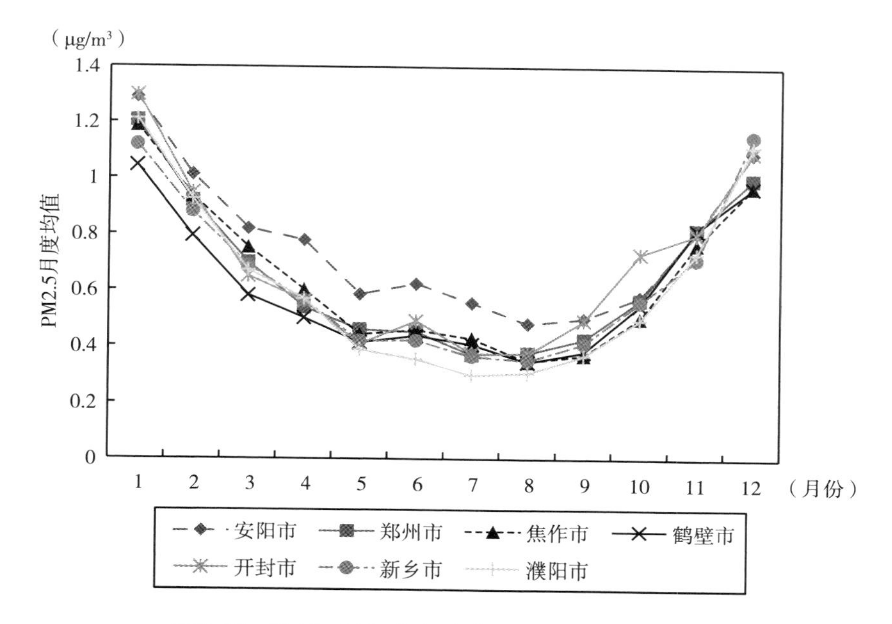

图 3.84　2014～2021 年河南省 PM2.5 月度均值变化

资料来源：2014～2021 年《中国统计年鉴》、2014～2021 年《中国环境统计年鉴》和中国经济信息网（www. cei. cn）。

（二）PM10 月度分布

如图 3.85 所示，2014～2021 年北京市 PM10 的月度均值分布特征显著。在时间维度上，北京市 PM10 月度均值呈先降后升的“U”型曲线特征。具体表现为：北京市 PM10 月度均值 3～6 月迅速下降，7～9 月的月度均值相对较低且变化平稳，11 月到次年 2 月迅速上升；全年 10 月到次年 4 月 PM10 月度均值相对较高，为高峰值区间，5～9 月 PM10 月度均值相对较低，为低谷值区间。其中，北京市 PM10 月度均值在 10 月到次年 4 月数值相对较高，在 4 月和 8 月达到最大值和最小值，最大值为 101μg/m³，最小值为 53μg/m³。

如图 3.86 所示，2014～2021 年天津市 PM10 的月度均值分布特征明显。在时间维度上，天津市 PM10 月度均值呈先降后升的“U”型曲线特征。具体表现为：天津市 PM10 月度均值 1～5 月迅速下降之后小幅度上升，随后迅速下降，6～8 月的月度均值相对较低且变化平稳，9～12 月迅速上升；全年 11 月到次年 3 月 PM10 月度均值相对较高，为高峰值区间，4～10 月 PM10 月度均值相对较低，为低谷值区间。其中，天津市 PM10 月度均值在 10 月到次年 3 月数值相对较高，在 12 月和 8 月达到最大值和最小值，分别为 128μg/m³ 和 61μg/m³。

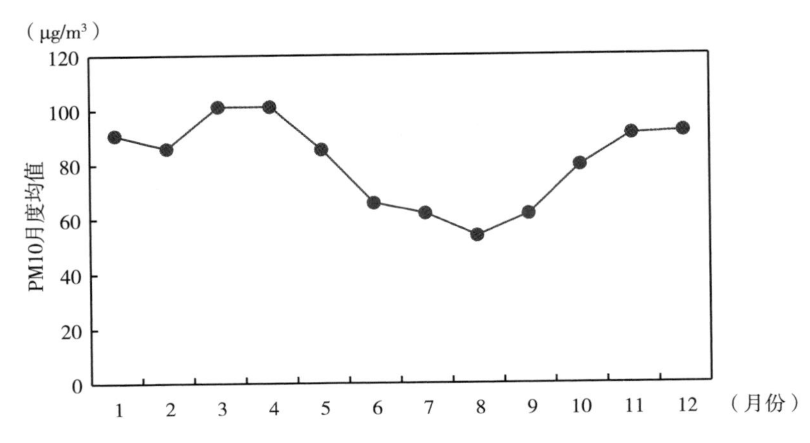

图 3.85　2014～2021 年北京市 PM10 月度均值变化

资料来源：2014～2021 年《中国统计年鉴》、2014～2021 年《中国环境统计年鉴》和中国经济信息网（www. cei. cn）。

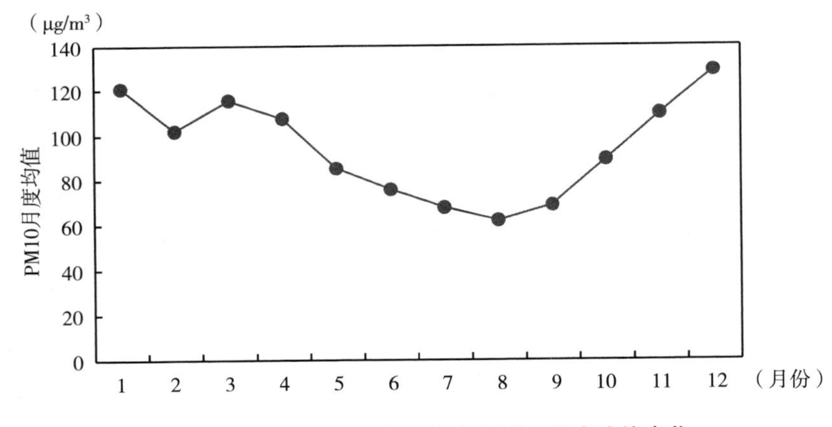

图 3.86　2014～2021 年天津市 PM10 月度均值变化

资料来源：2014～2021 年《中国统计年鉴》、2014～2021 年《中国环境统计年鉴》和中国经济信息网（www. cei. cn）。

如图 3. 87 所示，2014～2021 年河北省各市 PM10 的月度均值分布特征显著。在时间维度上，河北省 PM10 月度均值呈先降后升的“U”型曲线特征。具体表现为：各市 PM10 月度均值 1 ~ 5 月迅速下降，6 ~ 8 月的月度均值相对较低且变化平稳，9 ~ 12 月迅速上升；全年 11 月到次年 2 月 PM10 月度均值相对较高，为高峰值区间，3 ~ 10 月 PM10 月度均值相对较低，为低谷值区间。从不同地区来看，沧州市、廊坊市、唐山市在各市中受 PM10 污染影响程度较小，各月 PM10 月度均值均低于河北省其他市，沧州市在 9 月 PM10 月度均值达到最小值，为 61μg/m³，而石家庄市、保定市、邢台市、衡水市、邯郸市在各市中受 PM10 污染影响程度较大，11 月到次年 2 月 PM10 月度均值均达到 100μg/m³ 以上，石家庄市在 1 月 PM10 月度均值达到最大值，为 221μg/m³³。

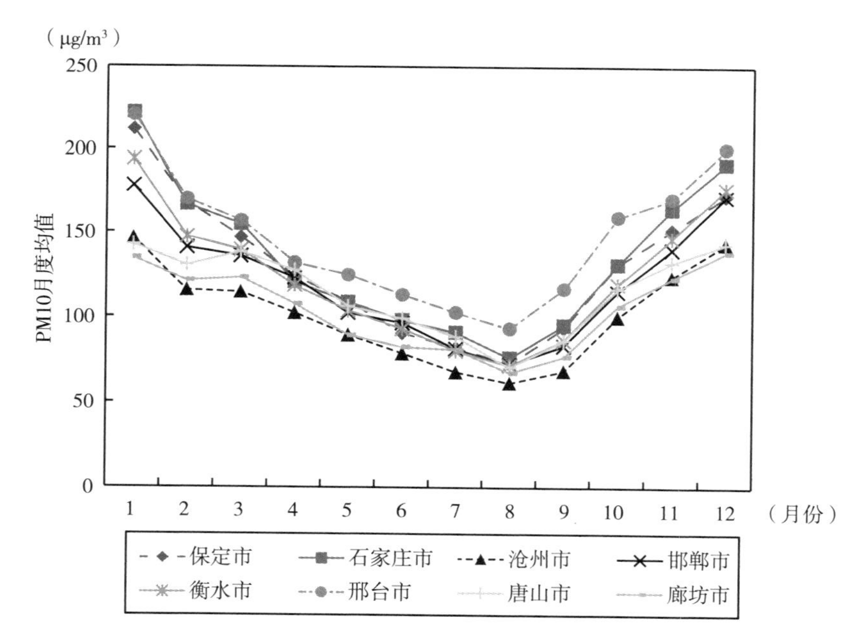

图 3.87 2014 ~ 2021 年河北省 PM10 月度均值变化

资料来源：2014 ~ 2021 年《中国统计年鉴》、2014 ~ 2021 年《中国环境统计年鉴》和中国经济信息网（www.cei.cn）。

如图 3.88 所示，2014 ~ 2021 年山西省各市 PM10 的月度均值分布特征明显。在时间维度上，山西省 PM10 月度均值呈先降后升的“U”型曲线特征。具体表现为：各市 PM10 月度均值 1 ~ 5 月迅速下降，6 ~ 8 月月度均值相对较低且变化平稳，9 ~ 10 月迅速上升，11 ~ 12 月小幅度下降；

全年11月到次年4月PM10月度均值相对较高，为高峰值区间，5～10月PM10月度均值相对较低，为低谷值区间。从不同地区来看，长治市在各市中受PM10污染影响程度较小，除1月和12月外，大部分月份PM10月度均值浓度均低于山西省其他市，7～9月PM10月度均值均在60μg/m³左右，在8月达到最小值，为61μg/m³，而太原市、阳泉市、晋城市在各市中受PM10污染影响程度较大，11月到次年4月PM10月度均值均达到120μg/m³以上，太原市在11月PM10月度均值达到最大值，为145μg/m³。

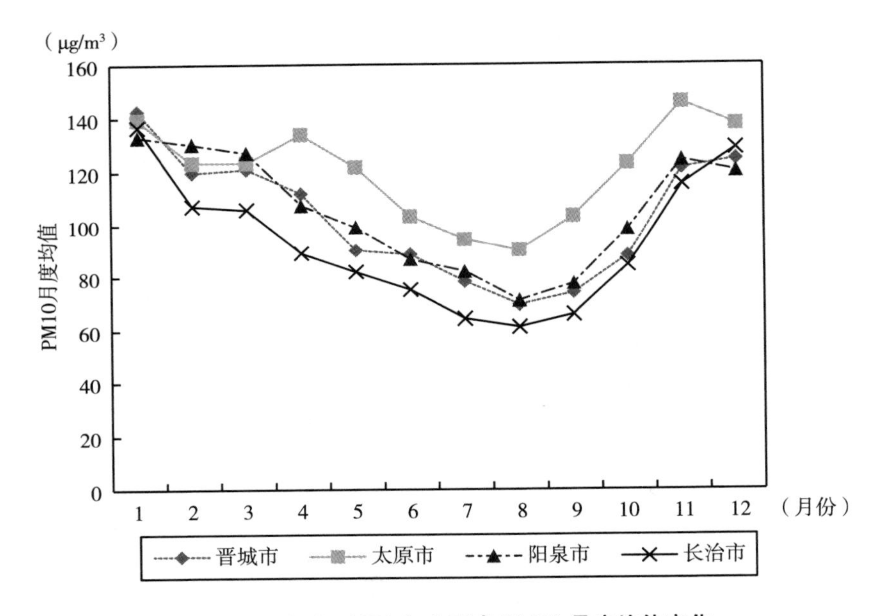

图3.88　2014～2021年山西省PM10月度均值变化

资料来源：2014～2021年《中国统计年鉴》、2014～2021年《中国环境统计年鉴》和中国经济信息网（www. cei. cn）。

如图3.89所示，2014～2021年山东省各市PM10的月度均值分布特征明显。在时间维度上，各市PM10月度均值呈先降后升的“U”型曲线特征。具体表现为：各市PM10月度均值1～5月迅速下降，6～8月月度均值相对较低且变化平稳，9～12月迅速上升；各市全年11月到次年1月PM10月度均值相对较高，为高峰值区间，2～10月PM10月度均值相对较低，为低谷值区间。从不同地区来看，济宁市、菏泽市、滨州市在各市中受PM10污染影响程度较小，除1月和12月外，大部分月份PM10月度均值浓度均低于山东省其他市，6~8月PM10月度均值均在75μg/m³左右，滨州市在8月PM10月度均值达到最小值，为61μg/m³，而德州市、淄博市、济南市、聊城市在各市中受PM10污染影响程度较大，11月到次年2月PM10月度均值均达到125μg/m³以上，菏泽市在1月PM10月度均值达到最大值，为201μg/m³。

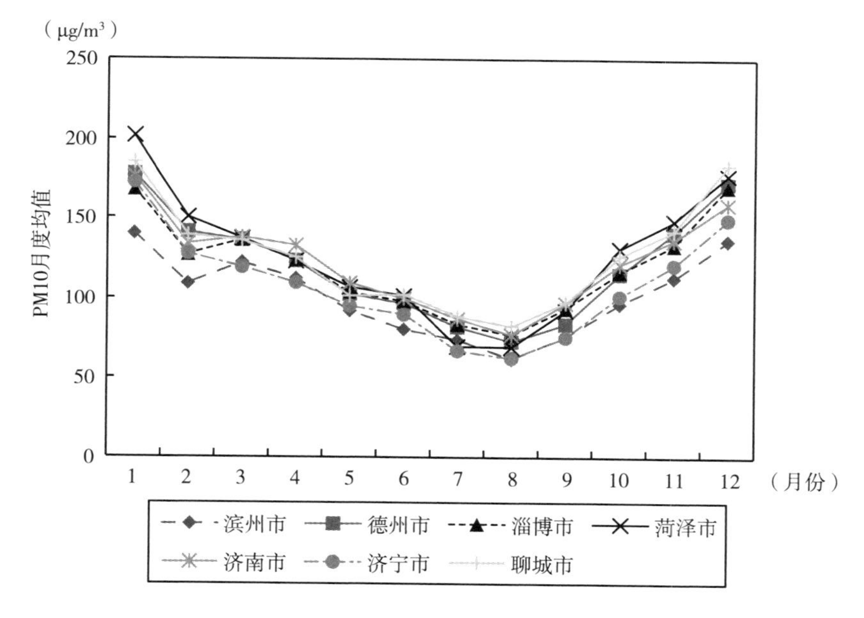

图3.89 2014~2021年山东省PM10月度均值变化

资料来源：2014~2021年《中国统计年鉴》、2014~2021年《中国环境统计年鉴》和中国经济信息网（www.cei.cn）。

如图3.90所示，2014~2021年河南省各市PM10的月度均值分布特征显著。在时间维度上，各市PM10月度均值呈先降后升的“U”型曲线特征。具体表现为：各市PM10月度均值1~5月迅速下降，6~8月月度均值相对较低且变化平稳，9~12月迅速上升；各市全年11月到次年2月PM10月度均值相对较高，为高峰值区间，3~10月PM10月度均值相对较低，为低谷值区间。从不同地区来看，开封市、新乡市、濮阳市、鹤壁市在各市中受PM10污染影响程度较小，除11月和12月外，大部分月份

PM10 月度均值浓度均低于河南省其他市，5～9 月 PM10 月度均值浓度均在 70μg/m³ 左右，鹤壁市在 8 月 PM10 月度均值达到最小值，为 64μg/m³，而安阳市、郑州市、焦作市在各市中受 PM10 污染影响程度较大，11 月到次年 2 月 PM10 月度均值均达到 130μg/m³ 以上，安阳市在 1 月 PM10 月度均值达到最大值，为 189μg/m³。

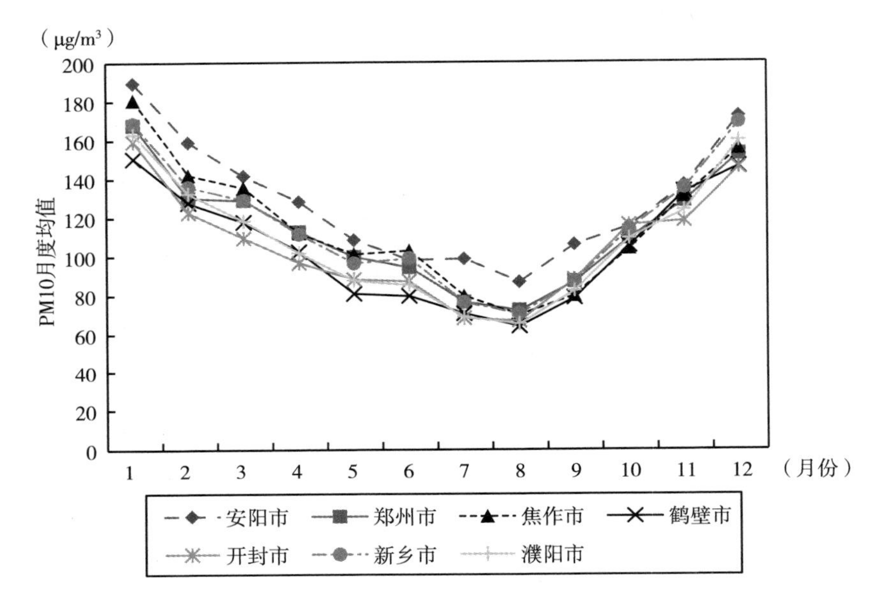

图 3.90　2014～2021 年河南省 PM10 月度均值变化

资料来源：2014～2021 年《中国统计年鉴》、2014～2021 年《中国环境统计年鉴》和中国经济信息网（www.cei.cn）。

（三）CO 月度分布

如图 3.91 所示，2014～2021 年北京市 CO 月度均值分布特征显著。在时间维度上，北京市 CO 月度均值呈先降后升的“U”型曲线特征。具体表现为：北京市 CO 月度均值 1～4 月迅速下降，5～8 月 CO 月度均值相对较低且变化平稳，9～12 月迅速上升；北京市全年 11 月到次年 3 月 CO 月度均值相对较高，为高峰值区间，4～10 月 CO 月度均值相对较低，为低谷值区间。其中，北京市 CO 月度均值在 11 月到次年 2 月数值相对较高，在 1 月和 5 月达到最大值和最小值，分别为 1.38μg/m³ 和 0.63μg/m³。

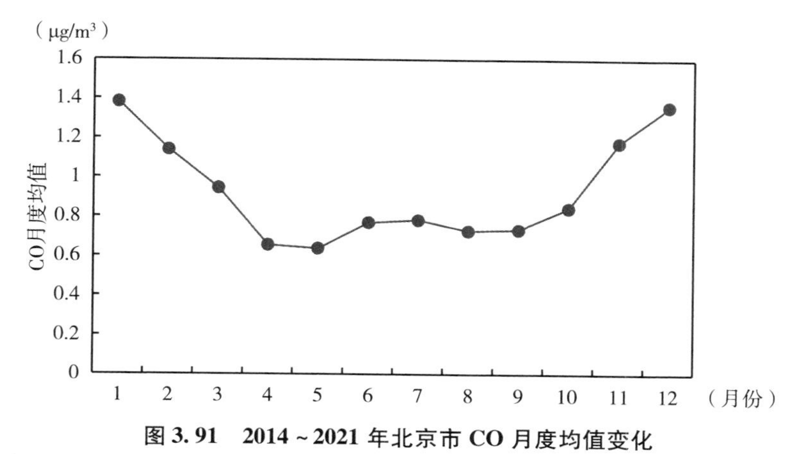

图 3.91 2014～2021 年北京市 CO 月度均值变化

资料来源：2014～2021 年《中国统计年鉴》、2014～2021 年《中国环境统计年鉴》和中国经济信息网（www.cei.cn）。

如图 3.92 所示，2014～2021 年天津市 CO 的月度均值分布特征明显。在时间维度上，天津市 CO 月度均值呈先降后升的“U”型曲线特征。具体表现为：天津市 CO 月度均值 1～4 月迅速下降，5～9 月 CO 月度均值相对较低且变化平稳，10～12 月迅速上升；天津市全年 11 月到次年 2 月 CO 月度均值相对较高，为高峰值区间，3～10 月 CO 月度均值相对较低，为低谷值区间。其中，天津市 CO 月度均值在 11 月到次年 2 月数值相对较高，在 1 月和 5 月达到最大值和最小值，分别为 1.74μg/m³ 和 0.88μg/m³。

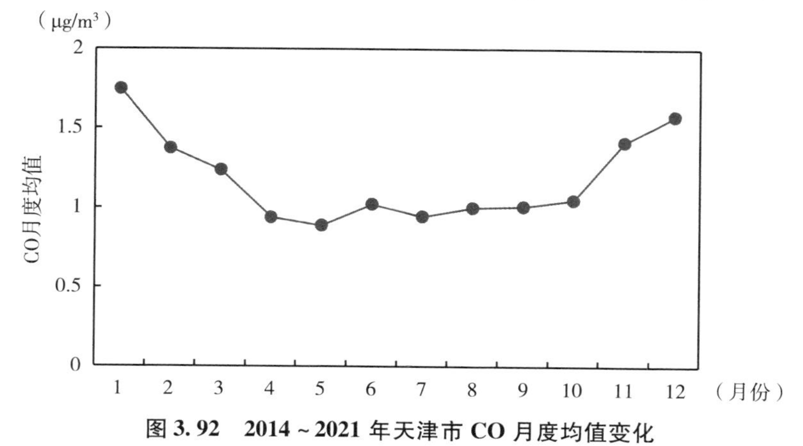

图 3.92 2014～2021 年天津市 CO 月度均值变化

资料来源：2014～2021 年《中国统计年鉴》、2014～2021 年《中国环境统计年鉴》和中国经济信息网（www.cei.cn）。

如图 3.93 所示，2014～2021 年河北省 CO 月度均值分布特征显著。在时间维度上，河北省 CO 月度均值呈先降后升的“U”型曲线特征。具体表现为：河北省 CO 月度均值 1～4 月迅速下降，5～9 月月度均值相对较低且变化平稳，10～12 月迅速上升；河北省全年 11 月到次年 2 月 CO 月度均值相对较高，为高峰值区间，3～10 月 CO 月度均值相对较低，为低谷值区间。从不同地区来看，沧州市、衡水市、石家庄市在各市中受 CO 污染影响程度较小，各月 CO 月度均值浓度均低于河北省其他市，沧州市在 7 月 CO 月度均值浓度达到最小值，约为 0.55μg/m³，而廊坊市、保定市、邢台市、唐山市、邯郸市在各市中受 CO 污染影响程度较大，11 月到次年 2 月 CO 月度均值浓度均达到 100μg/m³ 以上，保定市在 1 月 CO 月度均值浓度达到最大值，为 2.61μg/m³，唐山市在 8 个城市中受 CO 污染影响程度最大，除 1 月和 12 月之外，该市全年 CO 浓度月度均值在 1.6μg/m³ 左右，浓度水平相对较高且变化平稳，各月度均值明显高于其他城市。

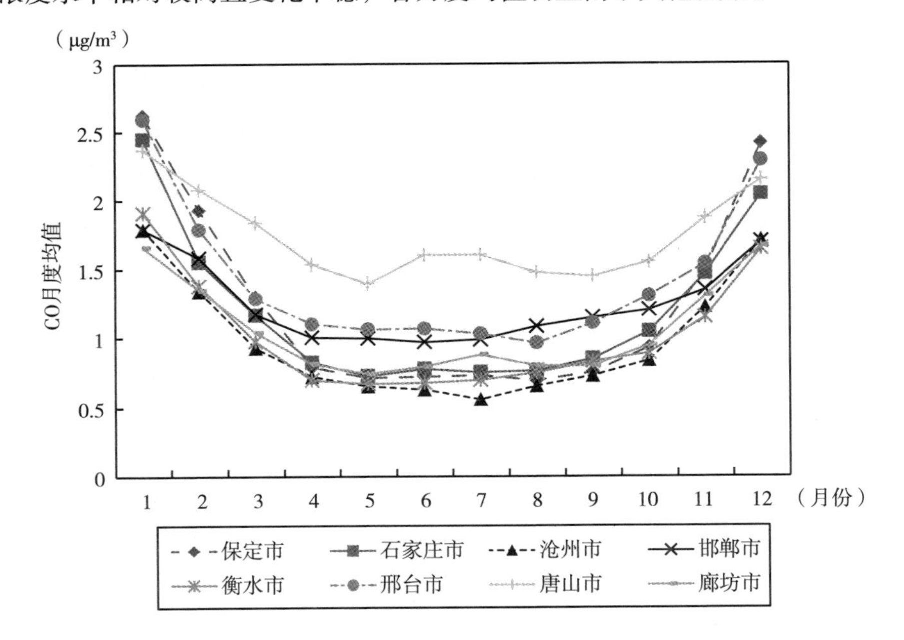

图 3.93　2014～2021 年河北省 CO 月度均值变化

资料来源：2014～2021 年《中国统计年鉴》、2014～2021 年《中国环境统计年鉴》和中国经济信息网（www.cei.cn）。

如图 3.94 所示，2014 ~ 2021 年山西省 CO 月度均值分布特征明显。在时间维度上，山西省 CO 月度均值呈先降后升的“U”型曲线特征。具体表现为：山西省 CO 月度均值 1 ~ 4 月迅速下降，5 ~ 9 月月度均值相对较低且变化平稳，10 ~ 12 月迅速上升；山西省全年 11 月到次年 2 月 CO 月度均值相对较高，为高峰值区间，3 ~ 10 月 CO 月度均值相对较低，为低谷值区间。从不同地区来看，太原市和阳泉市在各市中受 CO 污染影响程度相对较小，全年 CO 月度均值均低于山西省其他市，5 ~ 9 月 CO 月度均值均在 0.9μg/m³ 左右，太原市在 5 月时 CO 月度均值达到最小值，为 0.85μg/m³，而长治市、晋城市在各市中受 CO 污染影响程度较大，11 月到次年 2 月 CO 月度均值均达到 1.7μg/m³ 以上，长治市在 1 月 CO 月度均值达到最大值，为 2.31μg/m³。

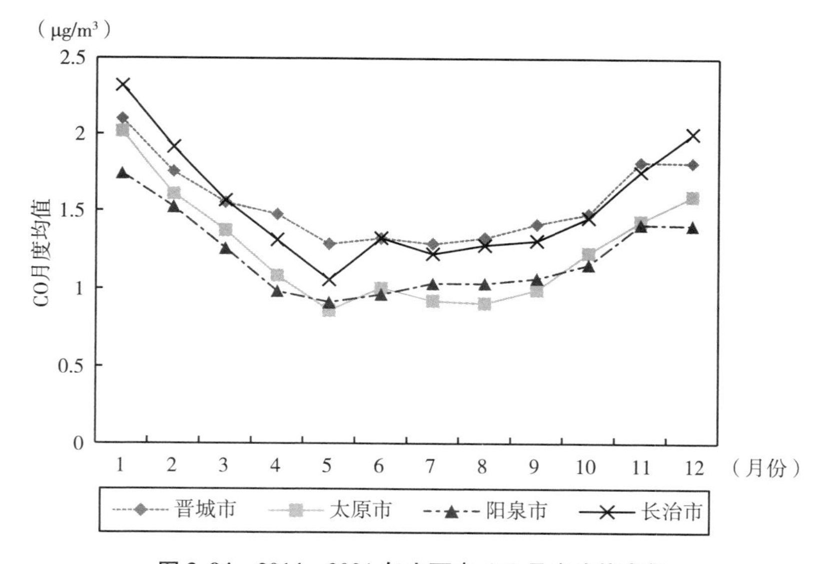

图 3.94　2014 ~ 2021 年山西省 CO 月度均值变化

资料来源：2014 ~ 2021 年《中国统计年鉴》、2014 ~ 2021 年《中国环境统计年鉴》和中国经济信息网（www.cei.cn）。

如图 3.95 所示，2014 ~ 2021 年山东省 CO 月度均值分布特征明显。在时间维度上，山东省 CO 月度均值呈先降后升的“U”型曲线特征。具体表现为：山东省 CO 月度均值 1 ~ 4 月迅速下降，5 ~ 9 月月度均值相对较低且变化平稳，10 ~ 12 月迅速上升；山东省全年 11 月到次年 2 月 CO 月度均值相对较高，为高峰值区间，3～10 月 CO 月度均值相对较低，为低谷值区间。从不同地区来看，济宁市、菏泽市、济南市、聊城市在各市中受 CO 污染影响程度较小，除 1 月和 12 月外，大部分月份 CO 月度均值均低于山东省其他市，5～9 月 CO 月度均值均在 0.9μg/m³ 左右，济南市在 5 月时 CO 月度均值达到最小值，为 0.80μg/m³，而德州市、淄博市、滨州市在各市中受 CO 污染影响程度较大，11 月到次年 2 月 CO 月度均值均达到 1.3μg/m³ 以上，滨州市在 1 月 CO 月度均值达到最大值，为 2.08μg/m³。淄博市在 7 个城市中受 CO 污染影响程度最大，除 1 月和 2 月外，该市全年 CO 月度均值在 1.3μg/m³ 左右，浓度水平相对较高且变化平稳，各月度均值明显高于其他城市。

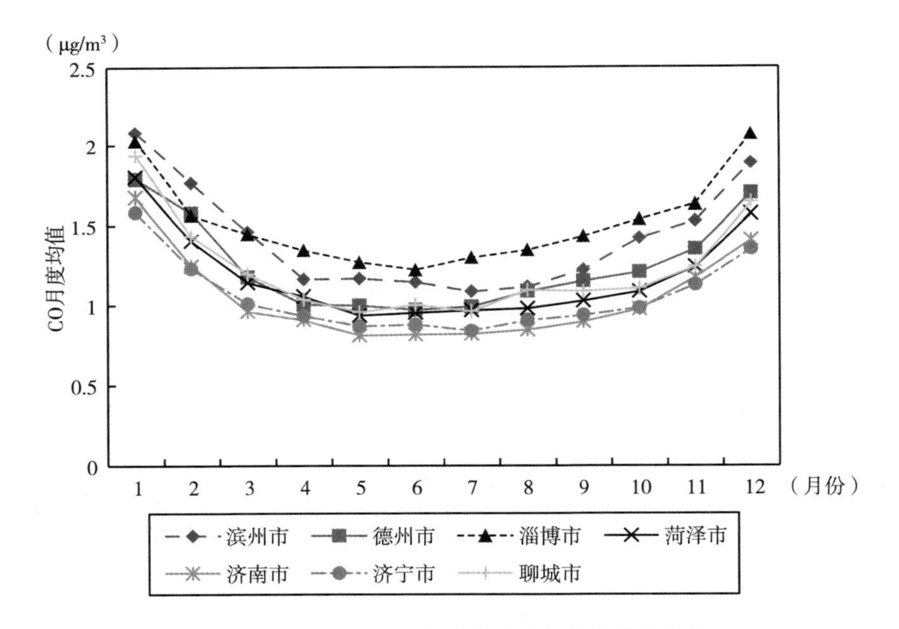

图 3.95　2014～2021 年山东省 CO 月度均值变化

资料来源：2014～2021 年《中国统计年鉴》、2014～2021 年《中国环境统计年鉴》和中国经济信息网（www. cei. cn）。

如图 3.96 所示，2014～2021 年河南省 CO 月度均值分布特征明显。在时间维度上，河南省 CO 月度均值呈先降后升的“U”型曲线特征。具体表现为：河南省 CO 月度均值 1～4 月迅速下降，5～9 月月度均值相对较低且变化平稳，10～12 月迅速上升；河南省全年 11 月到次年 2 月 CO 月度均值相对较高，为高峰值区间，3～10 月 CO 月度均值相对较低，为低谷值区间。从不同地区来看，开封市、新乡市、郑州市在各市中受 CO 污染影响程度较小，除 11 月和 12 月外，大部分月份 PM10 月度均值均低于河南省其他市，5～9 月 CO 月度均值都在 0.9μg/m³ 左右，新乡市在 7 月 CO 月度均值达到最小值，为 0.78μg/m³，而安阳市、鹤壁市、濮阳市、焦作市在各市中受 CO 污染影响程度较大，11 月到次年 2 月 CO 月度均值均达到 1.3μg/m³ 以上，安阳市在 1 月 CO 月度均值浓度达到最大值，为 2.86μg/m³。安阳市在 7 个城市中受 CO 污染影响程度最大，该市全年 CO 浓度月度均值在 1.4μg/m³ 左右，浓度水平相对较高且变化平稳，各月月度均值明显高于其他城市。

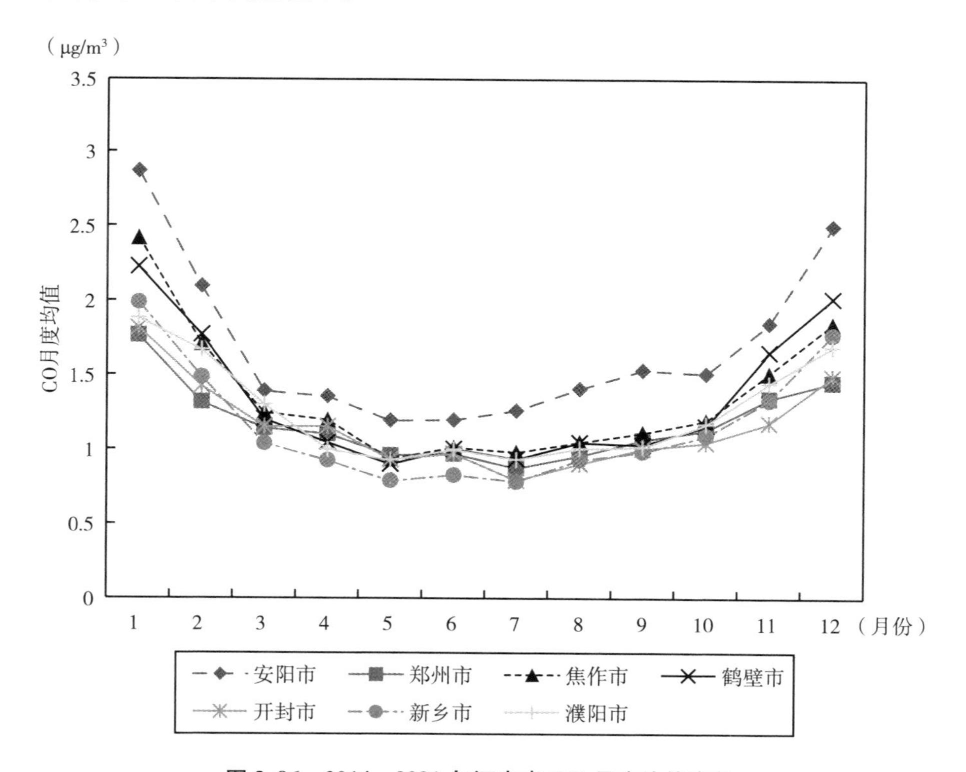

图 3.96 2014～2021 年河南省 CO 月度均值变化

资料来源：2014～2021 年《中国统计年鉴》、2014～2021 年《中国环境统计年鉴》和中国经济信息网（www. cei. cn）。

（四）NO_2 月度分布

如图 3.97 所示，2014～2021 年北京市 NO_2 月度均值分布特征显著。在时间维度上，北京市 NO_2 月度均值呈先降后升的“U”型曲线特征。具体表现为：北京市 NO_2 月度均值 1～5 月迅速下降之后小幅度上升，随后迅速下降，6～8 月月度均值相对较低且变化平稳，9～12 月迅速上升；全年 11 月到次年 3 月 NO_2 月度均值相对较高，为高峰值区间，4～10 月 NO_2 月度均值相对较低，为低谷值区间。其中，北京市 NO_2 月度均值在 11 月到次年 3 月数值相对较高，在 12 月和 7 月达到最大值和最小值，分别为 $53\mu g/m^3$ 和 $28\mu g/m^3$。

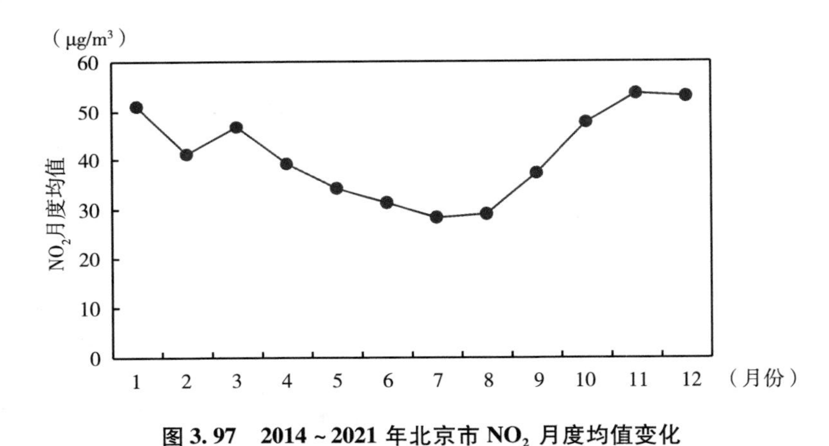

图 3.97　2014～2021 年北京市 NO_2 月度均值变化

资料来源：2014～2021 年《中国统计年鉴》、2014～2021 年《中国环境统计年鉴》和中国经济信息网（www. cei. cn）。

如图 3.98 所示，2014～2021 年天津市 NO_2 月度均值分布特征明显。在时间维度上，天津市 NO_2 月度均值呈先降后升的“U”型曲线特征。具体表现为：天津市 NO_2 月度均值 1～5 月迅速下降之后小幅度上升，随后迅速下降，6～8 月月度均值相对较低且变化平稳，9～12 月迅速上升；全年 11 月到次年 3 月 NO_2 月度均值相对较高，为高峰值区间，4～10 月 NO_2 月度均值相对较低，为低谷值区间。其中，天津市 NO_2 月度均值在 11 月到次年 3 月数值相对较高，在 12 月和 7 月达到最大值和最小值，分别为

62μg/m³ 和 25μg/m³。

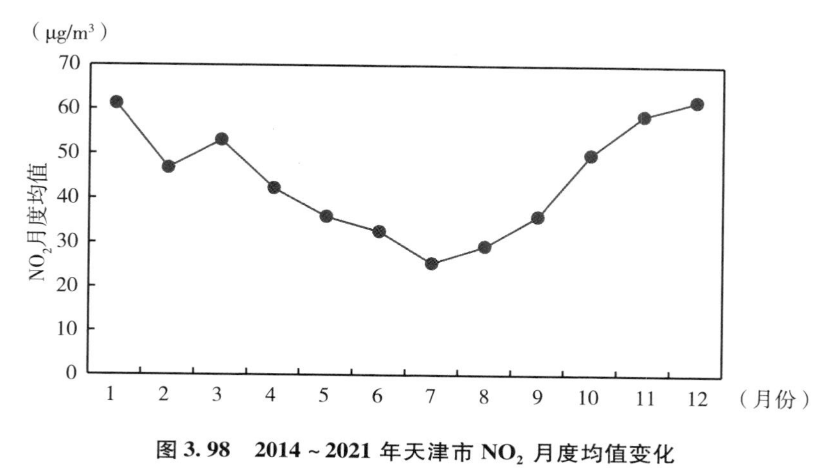

图 3.98　2014～2021 年天津市 NO_2 月度均值变化

资料来源：2014～2021 年《中国统计年鉴》、2014～2021 年《中国环境统计年鉴》和中国经济信息网（www.cei.cn）。

如图 3.99 所示，2014～2021 年河北省 NO_2 月度均值分布特征显著。在时间维度上，各市 NO_2 月度均值呈先降后升的“U”型曲线特征。具体表现为：各市 NO_2 月度均值 1～5 月迅速下降之后小幅度上升，随后迅速下降，6～8 月 NO_2 月度均值相对较低且变化平稳，9～12 月迅速上升；全年 11 月到次年 3 月 NO_2 月度均值相对较高，为高峰值区间，4～10 月 NO_2 月度均值相对较低，为低谷值区间。从不同地区来看，沧州市、衡水市、邯郸市在各市中受 NO_2 污染影响程度较小，各月 NO_2 月度均值均低于河北省其他市，邯郸市在 7 月 NO_2 月度均值达到最小值，约为 19μg/m³，而廊坊市、保定市、邢台市、唐山市、石家庄市在各市中受 NO_2 污染影响程度较大，11 月到次年 3 月 NO_2 月度均值均达到 50μg/m³ 以上，保定市在 1 月 NO_2 月度均值达到最大值，为 72.2μg/m³，唐山市在 8 个城市中受 NO_2 污染影响程度最大，除 1 月和 12 月外，该市全年 NO_2 月度均值在 40μg/m³ 左右，水平相对较高且变化平稳，各月度均值明显高于其他城市。

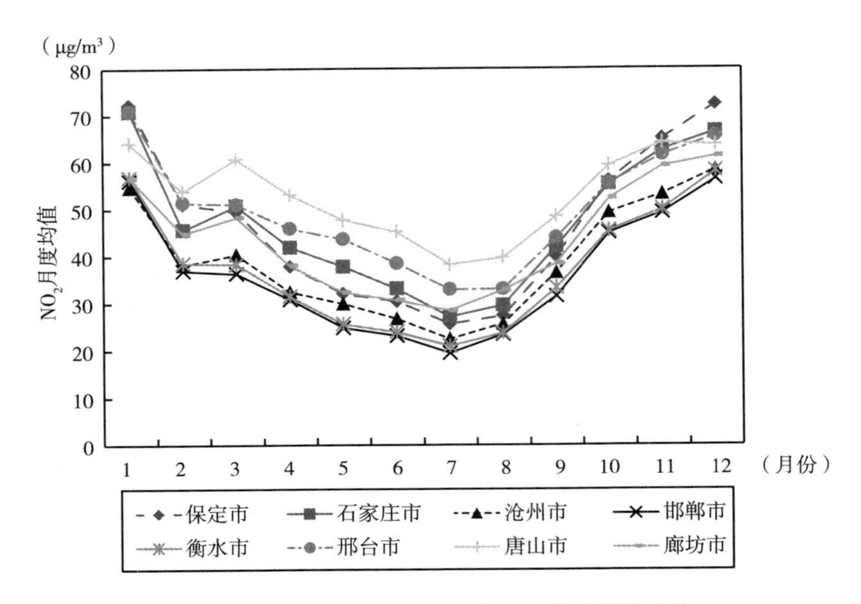

图 3.99　2014～2021 年河北省 NO_2 月度均值变化

资料来源：2014～2021 年《中国统计年鉴》、2014～2021 年《中国环境统计年鉴》和中国经济信息网（www. cei. cn）。

如图 3.100 所示，2014～2021 年山西省 NO_2 月度均值分布特征明显。在时间维度上，各市 NO_2 月度均值呈先降后升的“U”型曲线特征。具体表现为：各市 NO_2 月度均值 1～5 月迅速下降之后小幅度上升，随后迅速下降，6～8 月的月度均值相对较低且变化平稳，9～12 月迅速上升；全年 11 月到次年 3 月 NO_2 月度均值相对较高，为高峰值区间，4～10 月 NO_2 月度均值相对较低，为低谷值区间。从不同地区来看，长治市和晋城市在各市中受 NO_2 污染影响程度相对较小，全年 NO_2 月度均值均低于山西省其他市，5～9 月 NO_2 月度均值均在 25μg/m³ 左右，长治市在 7 月 NO_2 月度均值达到最小值，约为 20.61μg/m³，而太原市和阳泉市在各市中受 NO_2 污染影响程度较大，11 月到次年 3 月 NO_2 月度均值均达到 39μg/m³ 以上，太原市在 11 月 NO_2 月度均值达到最大值，约为 56.42μg/m³。

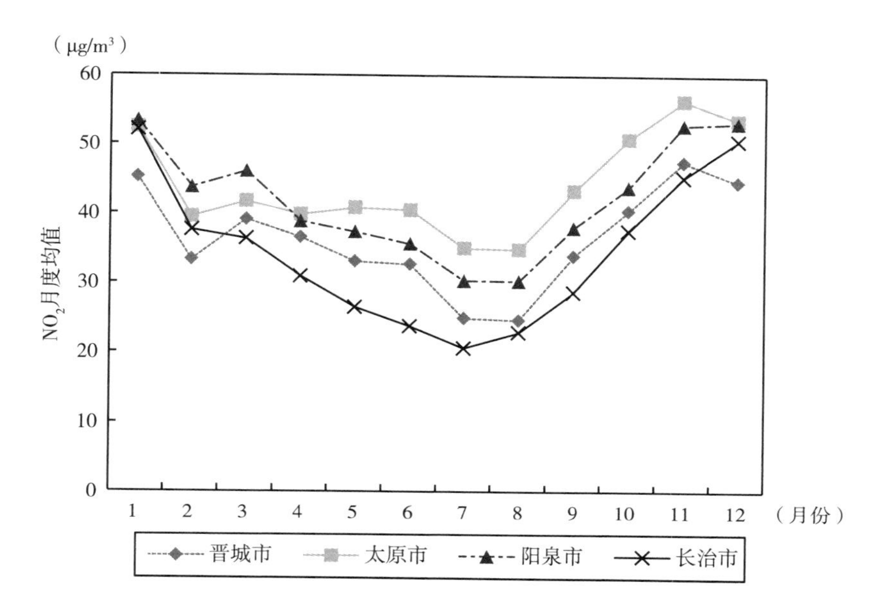

图 3.100　2014～2021 年山西省 NO_2 月度均值变化

资料来源：2014～2021 年《中国统计年鉴》、2014～2021 年《中国环境统计年鉴》和中国经济信息网（www.cei.cn）。

如图 3.101 所示，2014～2021 年山东省 NO_2 月度均值分布特征明显。在时间维度上，各市 NO_2 月度均值呈先降后升的“U”型曲线特征。具体表现为：各市 NO_2 月度均值 1～5 月迅速下降之后小幅度上升，随后迅速下降，6～8 月月度均值相对较低且变化平稳，9～12 月迅速上升；全年 11 月到次年 3 月 NO_2 月度均值相对较高，为高峰值区间，4～10 月 NO_2 月度均值相对较低，为低谷值区间。从不同地区来看，德州市、菏泽市、济南市在各市中受 NO_2 污染影响程度较小，除 1 月和 2 月外，大部分月份 NO_2 月度均值均低于山东省其他市，5～9 月 NO_2 月度均值均在 20μg/m³ 左右，济南市在 7 月 NO_2 月度均值达到最小值，约为 16.44μg/m³，济南市在 7 个城市中受 NO_2 污染影响程度最小，除 1 月和 2 月外，该市全年 NO_2 月度均值在 20μg/m³ 左右，浓度水平相对较低且变化平稳，各月月度均值明显低于其他城市。而淄博市、滨州市、济宁市、聊城市在各市中受 NO_2 污染影响程度较大，除 2 月外，11 月到次年 3 月 NO_2 月度均值均达到 40μg/m³ 以上，淄博市在 12 月 NO_2 月度均值达到最大值，为 62.99μg/m³。淄博市在

7 个城市中受 NO_2 污染影响程度最大，除 2 月外，该市全年 NO_2 月度均值在 40μg/m³ 左右，水平相对较高且变化平稳，各月度均值明显高于其他城市。

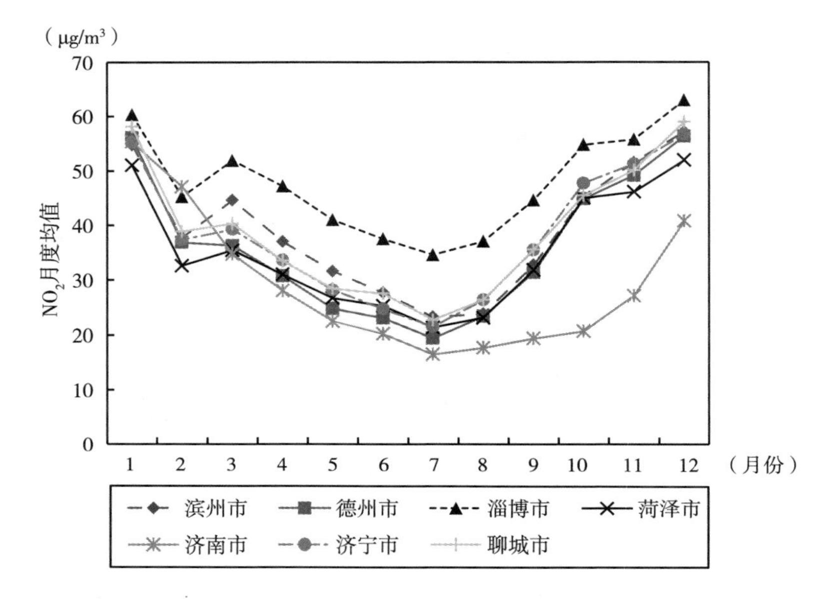

图 3.101　2014～2021 年山东省 NO_2 月度均值变化

资料来源：2014～2021 年《中国统计年鉴》、2014～2021 年《中国环境统计年鉴》和中国经济信息网（www.cei.cn）。

如图 3.102 所示，2014～2021 年河南省 NO_2 月度均值分布特征显著。在时间维度上，各市 NO_2 月度均值呈先降后升的“U”型曲线特征。具体表现为：各市 NO_2 月度均值 1～5 月迅速下降之后小幅度上升，随后迅速下降，6～8 月月度均值相对较低且变化平稳，9～12 月迅速上升；全年 11 月到次年 3 月 NO_2 月度均值相对较高，为高峰值区间，4～10 月 NO_2 月度均值相对较低，为低谷值区间。从不同地区来看，开封市、鹤壁市、濮阳市、焦作市在各市中受 NO_2 污染影响程度较小，除 1 月和 12 月外，大部分月份 NO_2 月度均值均低于河南省其他市，5～9 月 NO_2 月度均值均在 0.9μg/m³ 左右，新乡市在 7 月 NO_2 月度均值达到最小值，为 0.78μg/m³，而安阳市、新乡市、郑州市在各市中受 NO_2 污染影响程度较大，11 月到次年 3 月 NO_2 月度均值均达到 40μg/m³ 以上，安阳市在 1 月 NO_2 月度均值达到最大值，为 65.90μg/m³。郑州市在 7 个城市中受 NO_2 污染影响程度最大，该市全年 NO_2 月度均值在 40μg/m³ 左右，水平相对较高且变化平稳，各月度均值明显高于其他城市。

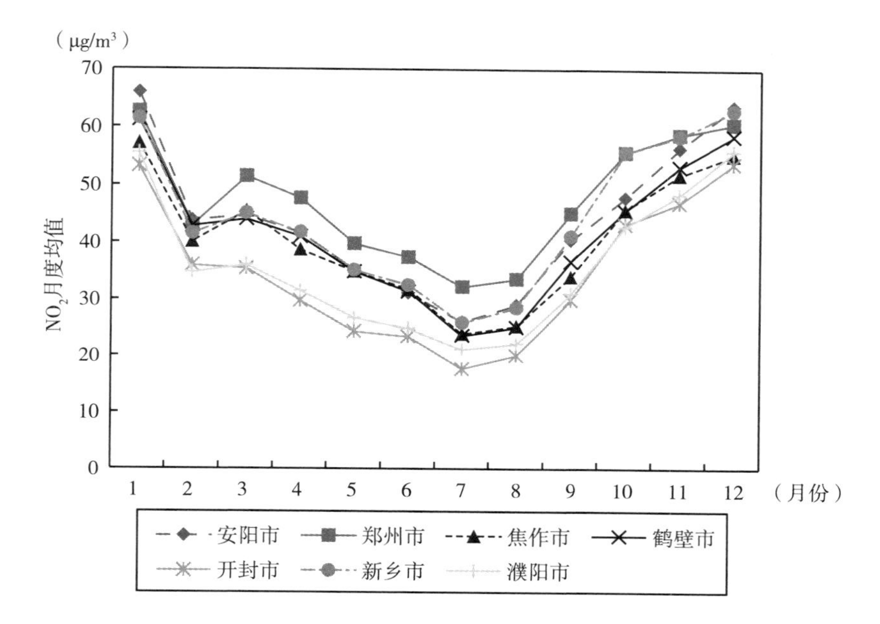

图 3.102 2014～2021 年河南省 NO_2 月度均值变化

资料来源：2014～2021 年《中国统计年鉴》、2014～2021 年《中国环境统计年鉴》和中国经济信息网（www.cei.cn）。

（五）O_3 月度分布

如图 3.103 所示，2014～2021 年北京市 O_3 月度均值分布特征显著。在时间维度上，北京市 O_3 月度均值呈先升后降的特征。具体表现为：北京市 O_3 月度均值 1～5 月迅速上升，6～8 月月度均值相对较高且变化平稳，9～12 月迅速下降；全年 4～9 月 O_3 月度均值相对较高，为高峰值区间，10 月到次年 3 月 O_3 月度均值相对较低，为低谷值区间。其中，北京市 O_3 月度均值在 6～8 月数值相对较高，在 6 月和 12 月达到最大值和最小值，分别为 169.08μg/m³ 和 34.84μg/m³。

如图 3.104 所示，2014～2021 年天津市 O_3 月度均值分布特征明显。在时间维度上，天津市 O_3 月度均值呈先升后降的特征。具体表现为：天

津市 O_3 月度均值 1～5 月迅速上升，6～8 月月度均值相对较高且变化平稳，9～12 月迅速下降；全年 5～9 月 O_3 月度均值相对较高，为高峰值区间，10 月到次年 4 月 O_3 月度均值相对较低，为低谷值区间。其中，天津市 O_3 月度均值在 6～8 月数值较高，在 6～12 月达到最大值和最小值，分别为 161.78μg/m³ 和 31.88μg/m³。

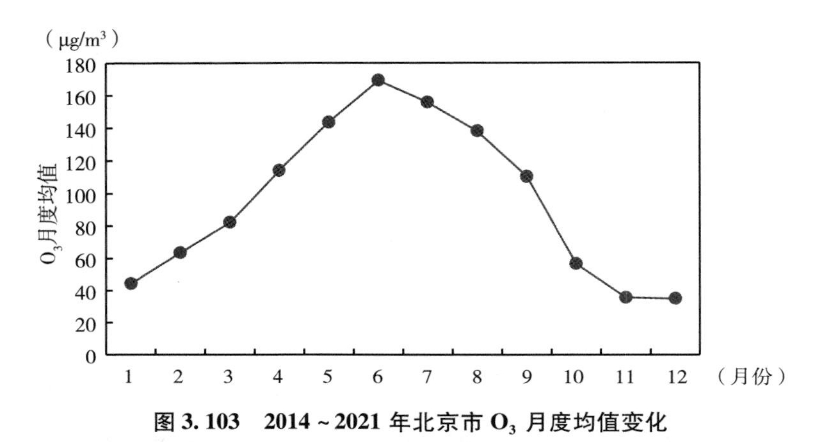

图 3.103　2014～2021 年北京市 O_3 月度均值变化

资料来源：2014～2021 年《中国统计年鉴》、2014～2021 年《中国环境统计年鉴》和中国经济信息网（www.cei.cn）。

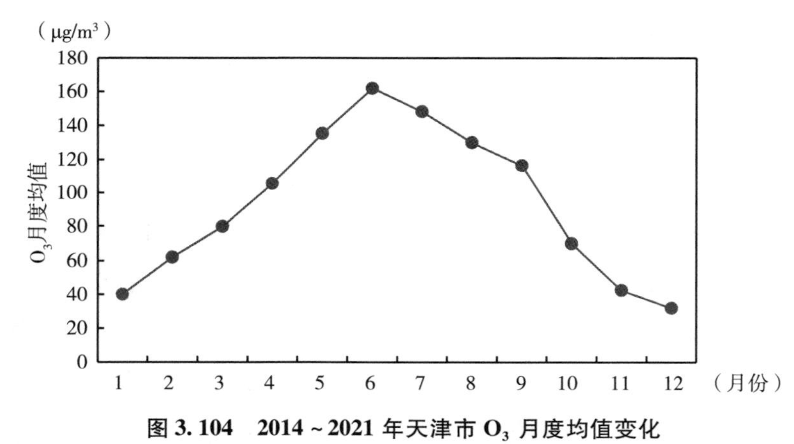

图 3.104　2014～2021 年天津市 O_3 月度均值变化

资料来源：2014～2021 年《中国统计年鉴》、2014～2021 年《中国环境统计年鉴》和中国经济信息网（www.cei.cn）。

如图 3.105 所示，2014～2021 年河北省各市 O_3 月度均值分布特征显著。在时间维度上，各市 O_3 月度均值呈先升后降的特征。具体表现为：各市 O_3 月度均值 1～5 月迅速上升，6～8 月月度均值相对较高且变化平稳，9～12 月迅速下降；全年 5～9 月 O_3 月度均值相对较高，为高峰值区间，10 月到次年 4 月 O_3 月度均值相对较低，为低谷值区间。从不同地区来看，廊坊市、邢台市、石家庄市在各市中受 O_3 污染影响程度较小，除 8 月和 9 月外，各月 O_3 月度均值均低于河北省其他市，邢台市在 12 月 O_3 月度均值达到最小值，为 28μg/m³，而保定市、唐山市、沧州市、衡水市、邯郸市在各市中受 O_3 污染影响程度较大，5～9 月 O_3 月度均值均达到 120μg/m³ 以上，衡水市在 6 月 O_3 月度均值达到最大值，为 182μg/m³。

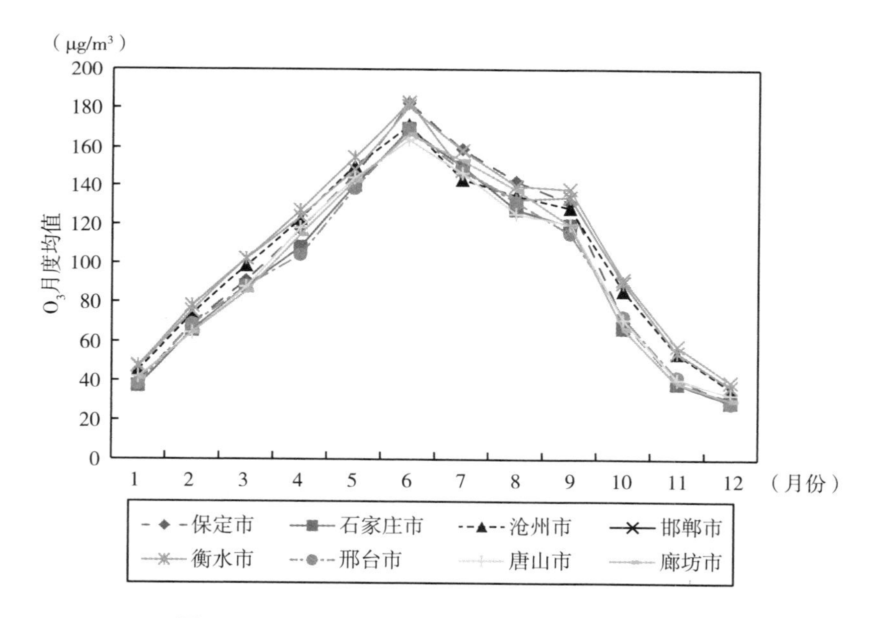

图 3.105　2014～2021 年河北省 O_3 月度均值变化

资料来源：2014～2021 年《中国统计年鉴》、2014～2021 年《中国环境统计年鉴》和中国经济信息网（www. cei. cn）。

如图 3.106 所示，2014～2021 年山西省各市 O_3 月度均值分布特征明显。在时间维度上，各市 O_3 月度均值呈先升后降的特征。具体表现为：各市 O_3 月度均值 1～5 月迅速上升，6～8 月 O_3 月度均值相对较高且变化平稳，9～12 月迅速下降；全年 5～9 月 O_3 月度均值相对较高，为高峰值区间，10 月到次年 4 月 O_3 月度均值相对较低，为低谷值区间。从不同地区来看，太原市在各市中受 O_3 污染影响程度较小，除 10 月、11 月和 12 月外，各月 O_3 月度均值均低于山西省其他市，太原市在 1 月 O_3 月度均值达到最小值，为 39μg/m³，而晋城市、阳泉市和长治市在各市中受 O_3 污染影响程度较大，5～9 月 O_3 月度均值均达到 100μg/m³ 以上，晋城市在 6 月 O_3 月度均值达到最大值，为 161μg/m³。太原市在 4 个城市中受 O_3 污染影响程度最小，除 6 月、7 月和 8 月外，该市全年 O_3 月度均值在 70μg/m³ 左右，水平相对较低且变化平稳，各月月度均值明显低于其他城市。

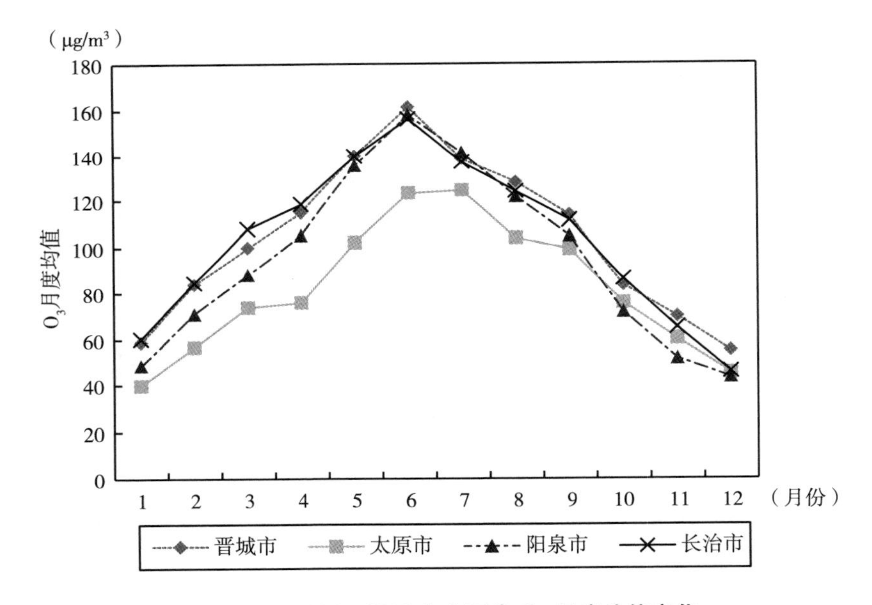

图 3.106　2014～2021 年山西省 O_3 月度均值变化

资料来源：2014～2021 年《中国统计年鉴》、2014～2021 年《中国环境统计年鉴》和中国经济信息网（www.cei.cn）。

如图 3.107 所示，2014～2021 年山东省各市 O_3 月度均值分布特征明显。在时间维度上，各市 O_3 月度均值呈先升后降的特征。具体表现为：各市 O_3 月度均值 1～5 月迅速上升，6～8 月月度均值相对较高且变化平稳，9～12 月迅速下降；全年 5～9 月 O_3 月度均值相对较高，为高峰值区间，10 月到次年 4 月 O_3 月度均值相对较低，为低谷值区间。从不同地区来看，滨州市和聊城市在各市中受 O_3 污染影响程度较小，除 6 月和 7 月外，大部分月份 O_3 月度均值均低于山东省其他市，10 月到次年 4 月 O_3 月度均值均在 80μg/m³ 左右，聊城市在 12 月 O_3 月度均值达到最小值，为 36μg/m³，而德州市、淄博市、菏泽市、济南市、济宁市在各市中受 O_3 污染影响程度较大，5～9 月 O_3 月度均值均达到 120μg/m³ 以上，济南市在 6 月 O_3 月度均值达到最大值，为 183μg/m³。

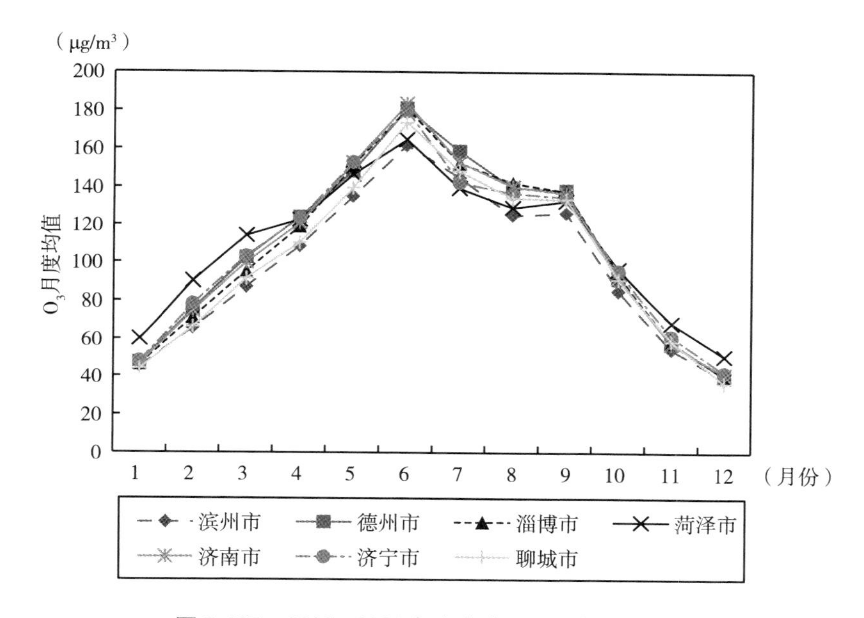

图 3.107　2014～2021 年山东省 O_3 月度均值变化

资料来源：2014～2021 年《中国统计年鉴》、2014～2021 年《中国环境统计年鉴》和中国经济信息网（www.cei.cn）。

如图 3.108 所示，2014～2021 年河南省各市 O_3 月度均值分布特征明显。在时间维度上，各市 O_3 月度均值呈先升后降的特征。具体表现为：各市 O_3 月度均值 1～5 月迅速上升，6～8 月 O_3 月度均值相对较高且变化平稳，9～12 月迅速下降；全年 5～9 月 O_3 月度均值相对较高，为高峰值区间，10 月到次年 4 月 O_3 月度均值相对较低，为低谷值区间。从不同地区来看，开封市、安阳市、鹤壁市在各市中受 O_3 污染影响程度较小，除 11 月和 12 月外，大部分月份 O_3 月度均值均低于河南省其他市，10 月到次年4月O_3月度均值均在45μg/m³左右，新乡市在12月O_3月度均值达到最小值，为38μg/m³，而濮阳市、焦作市、新乡市、郑州市在各市中受O_3污染影响程度较大，5~9月O_3月度均值均达到105μg/m³以上，郑州市在6月O_3月度均值达到最大值，为165μg/m³。

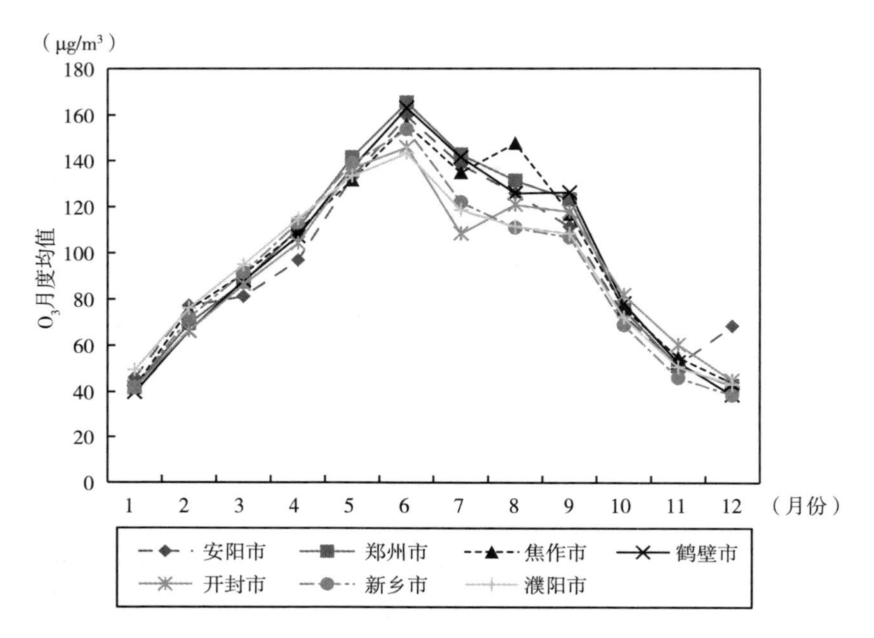

图3.108　2014~2021年河南省O_3月度均值变化

资料来源：2014~2021年《中国统计年鉴》、2014~2021年《中国环境统计年鉴》和中国经济信息网（www.cei.cn）。

（六）SO_2月度分布

如图3.109所示，2014~2021年北京市SO_2月度均值分布特征明显。在时间维度上，北京市SO_2月度均值呈先降后升的“U”型曲线特征。具体表现为：北京市SO_2月度均值1~4月迅速下降，5~9月月度均值相对较低且变化平稳，10~12月迅速上升；北京市全年11月到次年2月SO_2月度均值相对较高，为高峰值区间，3~10月SO_2月度均值相对较低，为低谷值区间。其中，北京市SO_2月度均值在11月到次年2月月度均值相对较高，在1月和8月达到最大值和最小值，分别约为18μg/m³和3μg/m³。

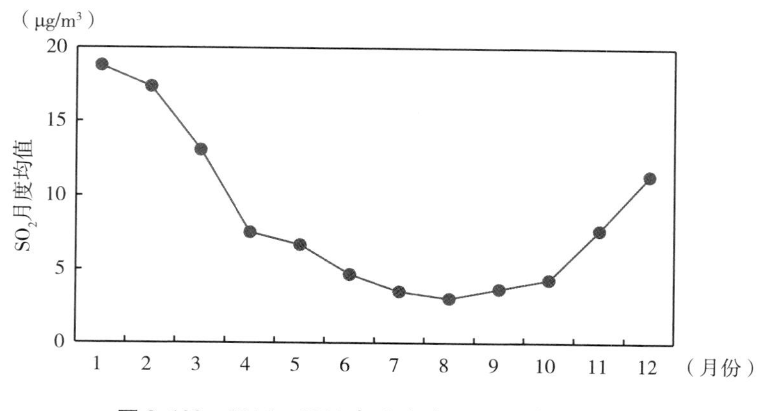

图 3.109　2014～2021 年北京市 SO_2 月度均值变化

资料来源：2014～2021 年《中国统计年鉴》、2014～2021 年《中国环境统计年鉴》和中国经济信息网（www.cei.cn）。

如图 3.110 所示，2014～2021 年天津市 SO_2 月度均值分布特征明显。在时间维度上，天津市 SO_2 月度均值呈先降后升的“U”型曲线特征。具体表现为：天津市 SO_2 月度均值 1～4 月迅速下降，5～9 月月度均值相对较低且变化平稳，10～12 月迅速上升；天津市全年 11 月到次年 2 月 SO_2 月度均值相对较高，为高峰值区间，3～10 月 SO_2 月度均值相对较低，为低谷值区间。其中，天津市 SO_2 月度均值在 11 月到次年 2 月数值较高，在 1 月和 8 月达到最大值和最小值，分别为 39μg/m³ 和 8μg/m³。

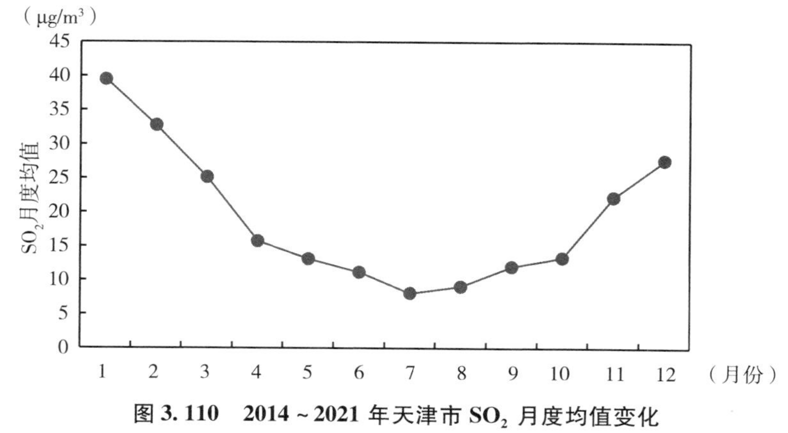

图 3.110　2014～2021 年天津市 SO_2 月度均值变化

资料来源：2014～2021 年《中国统计年鉴》、2014～2021 年《中国环境统计年鉴》和中国经济信息网（www.cei.cn）。

如图3.111所示，2014~2021年河北省SO_2月度均值分布特征明显。在时间维度上，各市SO_2月度均值呈先降后升的“U”型曲线特征。具体表现为：各市SO_2月度均值1~4月迅速下降，5~9月月度均值相对较低且变化平稳，10~12月迅速上升；各市全年11月到次年2月SO_2月度均值相对较高，为高峰值区间，3~10月SO_2月度均值相对较低，为低谷值区间。从不同地区来看，廊坊市、衡水市、邯郸市在各市中受SO_2污染影响程度较小，SO_2月度均值均低于河北省其他市，廊坊市在8月SO_2月度均值达到最小值，为7.9μg/m^3，而沧州市、保定市、邢台市、唐山市、石家庄市在各市中受SO_2污染影响程度较大，11月到次年2月SO_2月度均值均达到25μg/m^{3}以上，邢台市在1月SO_2月度均值达到最大值，为79μg/m^3，廊坊市在8个城市中受SO_2污染影响程度最小，该市全年SO_2月度均值在10μg/m^{3}左右，水平相对较低且变化平稳，各月月度均值明显低于其他城市。

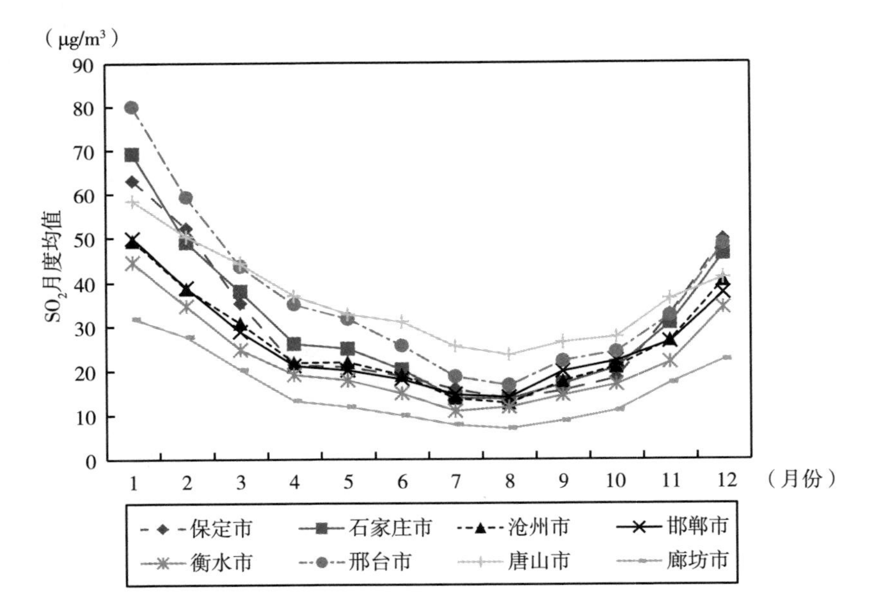

图3.111 2014~2021年河北省SO_2月度均值变化

资料来源：2014~2021年《中国统计年鉴》、2014~2021年《中国环境统计年鉴》和中国经济信息网（www.cei.cn）。

如图3.112所示，2014~2021年山西省SO_2月度均值分布特征明显。在时间维度上，各市SO_2月度均值呈先降后升的“U”型曲线特征。具体表现为：各市SO_2月度均值1~4月迅速下降，5~9月SO_2月度均值相对较低且变化平稳，10~12月迅速上升；各市全年11月到次年2月SO_2月度均值相对较高，为高峰值区间，3~10月SO_2月度均值相对较低，为低谷值区间。从不同地区来看，长治市在各市中受SO_2污染影响程度相对较小，全年SO_2月度均值均低于山西省其他市，5~9月SO_2月度均值均在200μg/m³左右，长治市在7月SO_2月度均值达到最小值，为13μg/m³，而晋城市、太原市和阳泉市在各市中受SO_2污染影响程度较大，11月到次年2月SO_2月度均值均达到30μg/m³以上，太原市在1月SO_2月度均值达到最大值，为95μg/m³。

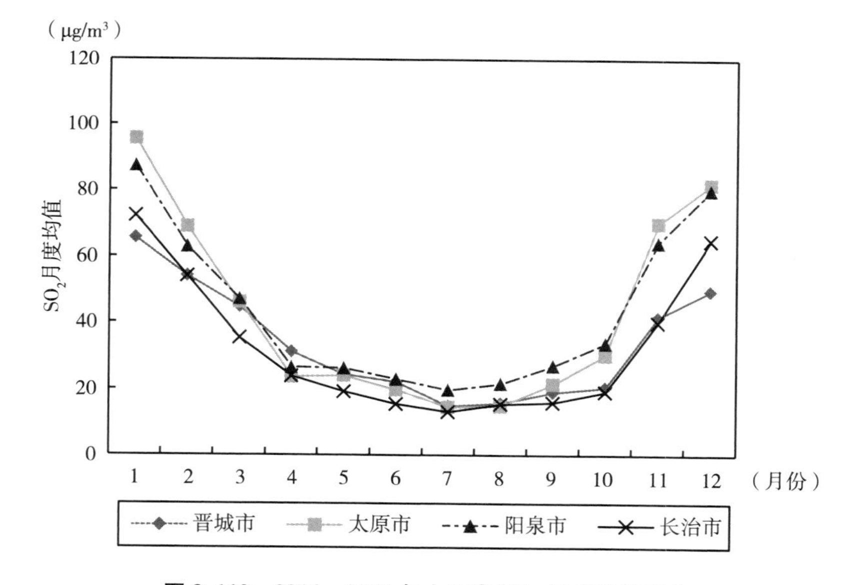

图3.112 2014~2021年山西省SO_2月度均值变化

资料来源：2014~2021年《中国统计年鉴》、2014~2021年《中国环境统计年鉴》和中国经济信息网（www.cei.cn）。

如图3.113所示，2014~2021年山东省SO_2月度均值分布特征明显。在时间维度上，各市SO_2月度均值呈先降后升的“U”型曲线特征。具体表现为：各市SO_2月度均值1~5月迅速下降，6~9月月度均值相对较低且变化平稳，10～12 月迅速上升；各市全年 11 月到次年 2 月 SO_2 月度均值相对较高，为高峰值区间，3～10 月 SO_2 月度均值相对较低，为低谷值区间。从不同地区来看，德州市、菏泽市、聊城市在各市中受 SO_2 污染影响程度较小，全年 SO_2 月度均值均低于山东省其他市，5～9 月 SO_2 月度均值均在 15μg/m³ 左右，聊城市在 7 月 SO_2 月度均值达到最小值，为 10μg/m³，而淄博市、滨州市、济宁市、济南市在各市中受 SO_2 污染影响程度较大，11 月到次年 3 月 SO_2 月度均值均达到 30μg/m³ 以上，淄博市在 12 月 SO_2 月度均值达到最大值，为 82μg/m³。

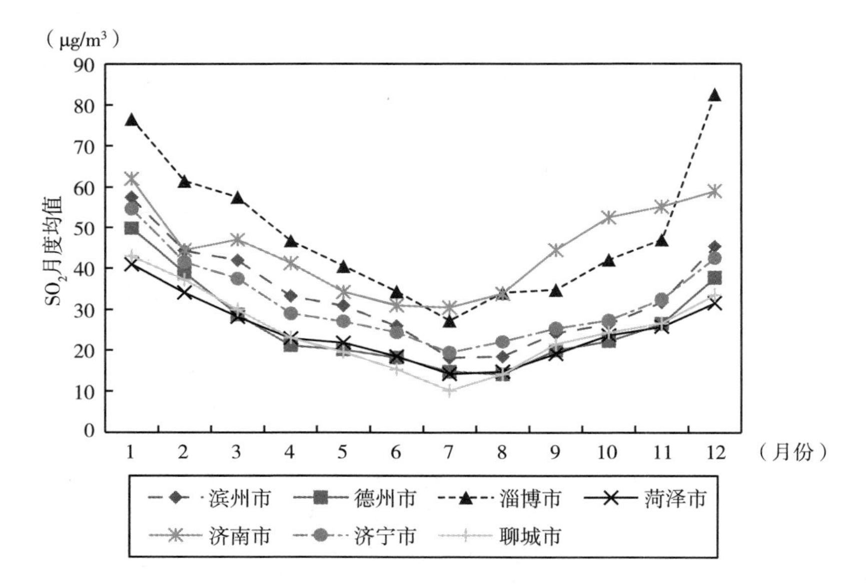

图 3.113　2014～2021 年山东省 SO_2 月度均值变化

资料来源：2014～2021 年《中国统计年鉴》、2014～2021 年《中国环境统计年鉴》和中国经济信息网（www. cei. cn）。

如图 3.114 所示，2014～2021 年河南省 SO_2 月度均值分布特征明显。在时间维度上，各市 SO_2 月度均值呈先降后升的“U”型曲线特征。具体表现为：各市 SO_2 月度均值 1～5 月迅速下降，6～9 月 SO_2 月度均值相对较低且变化平稳，10～12 月迅速上升；各市全年 11 月到次年 2 月 SO_2 月度均值相对较高，为高峰值区间，3～10 月 SO_2 月度均值相对较低，为低谷值区间。从不同地区来看，开封市、濮阳市、郑州市在各

市中受 SO_2 污染影响程度较小，除10月外，大部分月份 SO_2 月度均值均低于河南省其他市，5～9月 SO_2 月度均值均在 15μg/m³ 左右，开封市在7月 SO_2 月度均值达到最小值，为 7.04μg/m³，而安阳市、鹤壁市、焦作市、新乡市在各市中受 SO_2 污染影响程度较大，11月到次年2月 SO_2 月度均值均达到 30μg/m³ 以上，安阳市在1月 SO_2 月度均值达到最大值，为 59μg/m³。

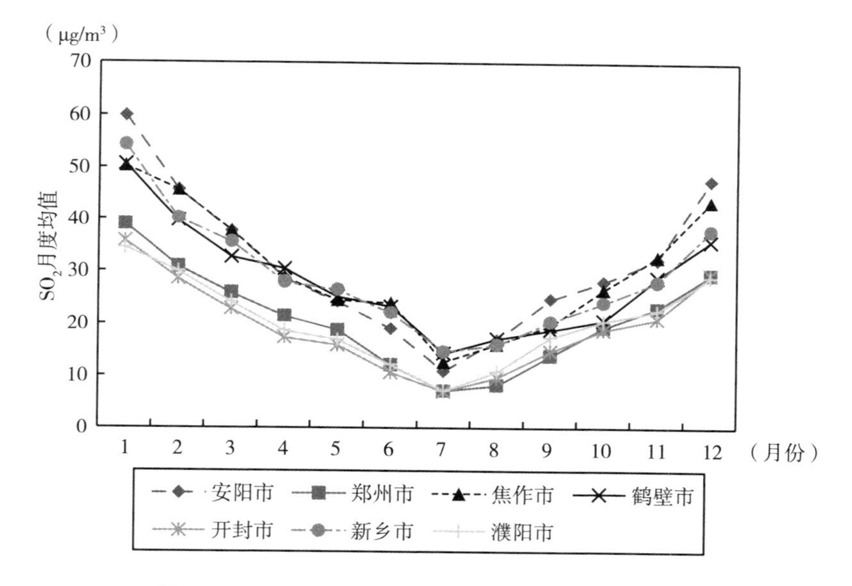

图 3.114　2014～2021 年河南省 SO_2 月度均值变化

资料来源：2014～2021年《中国统计年鉴》、2014～2021年《中国环境统计年鉴》和中国经济信息网（www.cei.cn）。

第二节 空气质量指数时空演变特征分析

一、京津冀及周边地区空气质量指数的时间变化特征

从图 3.115 可以看出，2014 年邢台市空气质量指数最大，达到 167.20，居28个城市首位，其次是保定市，空气质量指数达到 166.92，

晋城市和长治市空气质量指数相对其他城市较少。从图 3.116 可以看出，2016 年石家庄市空气质量指数最大，保定仍位居第二，其次为衡水市、德州市、安阳市、聊城市这四个城市。从图 3.117 可以看出，2018 年邢台市空气质量指数增加。从图 3.118 可以看出，2020 年安阳市空气质量指数最大，北京市空气质量指数逐年下降，说明北京市空气质量逐渐变好。

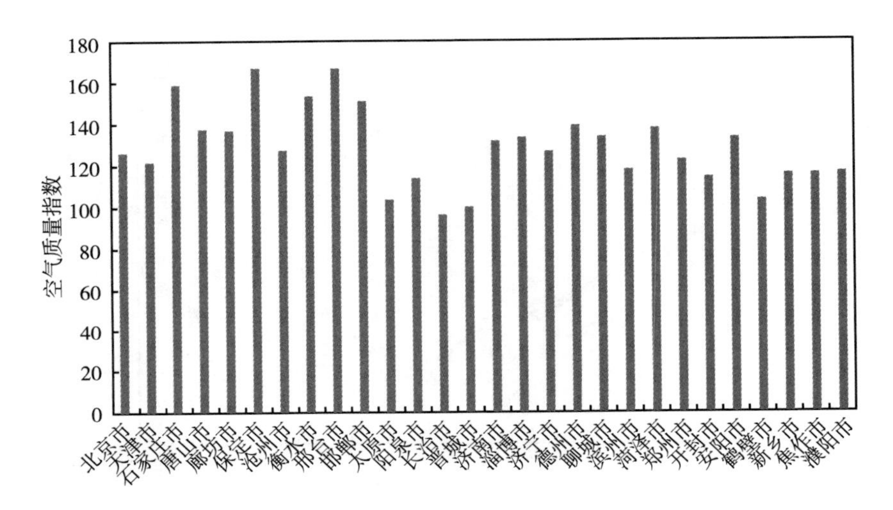

图 3.115 2014 年京津冀及周边地区空气质量指数变化情况

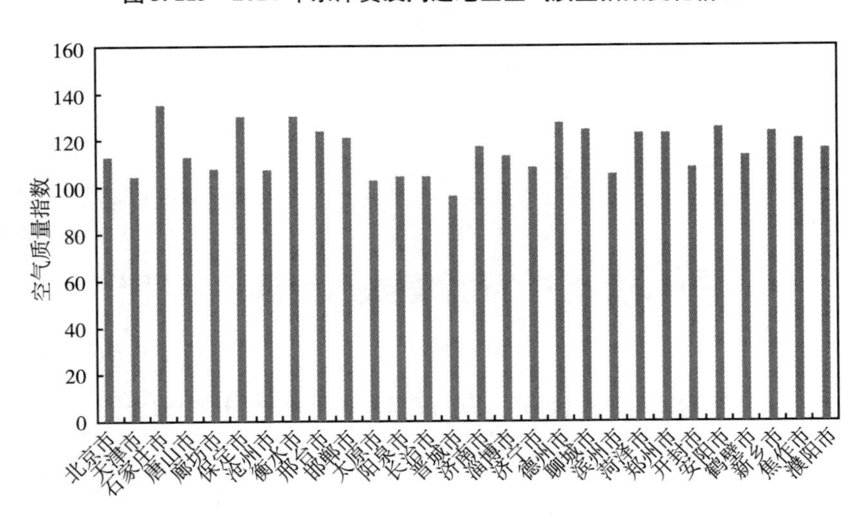

图 3.116 2016 年京津冀及周边地区空气质量指数变化情况

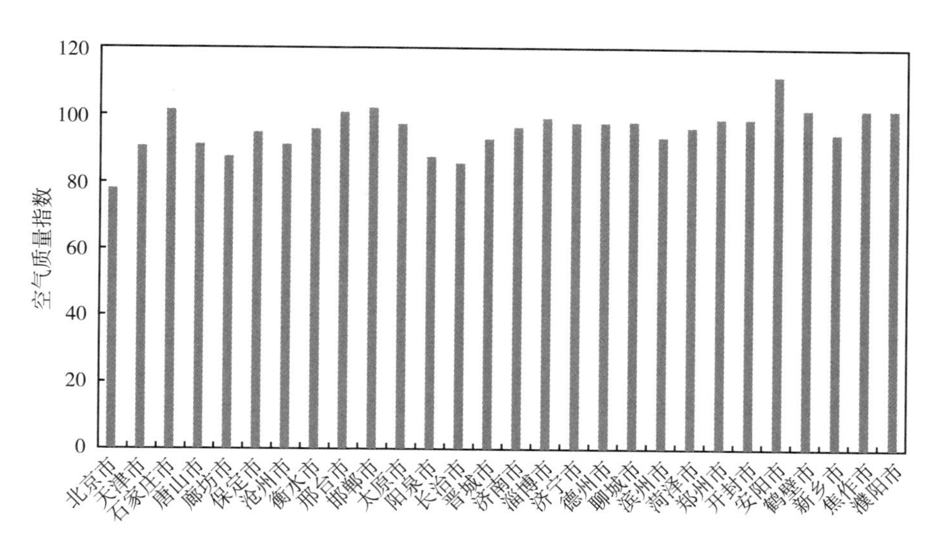

图 3.117 2018 年京津冀及周边地区空气质量指数变化情况

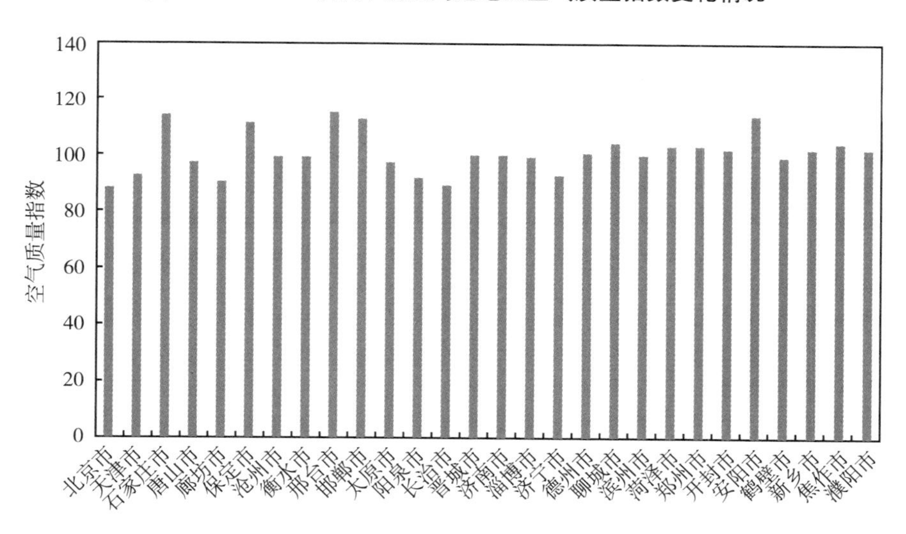

图 3.118 2020 年京津冀及周边地区空气质量指数变化情况

二、基于莫兰指数的空间相关性分析

（一）莫兰指数

通过前述分析发现，京津冀及周边地区空气质量指数具有显著的空间分异特征，然则各市是否存在关联性还需要进一步验证，故而需要检验其空间相关性，空间自相关检验是确定样本是否在空间上具有相关性及其相关程度如何。空间相关性分为全局相关性和局部相关性。本书采用全局空间自相关指数莫兰指数（*Moran's I*）刻画京津冀及周边地区是否存在空间相关性，*Moran's I* 是空间邻近市域单元属性的相似程度的重要指标，囿于篇幅所限，不再赘述。全局 *Moran's I* 计算公式（Moran，1950；Getis and Ord，1992）如下所示：

$$Moran's I = \frac{n}{S}\frac{\sum_{\alpha=1}^{n}\sum_{\beta=1}^{n}\omega_{\alpha\beta}(u_\alpha - \bar{u})(u_\beta - \bar{u})}{\sum_{\alpha=1}^{n}(u_\alpha - \bar{u})^2} \tag{3-1}$$

其中，$\omega_{\alpha\beta}$是省份 α 和省份 β 之间的空间权重；$S = \sum_{\alpha=1}^{n}\sum_{\beta=1}^{n}\omega_{\alpha\beta}$ 是所有空间权重的集合；平均值 $\bar{u} = \frac{1}{n}\sum_{\alpha=1}^{n}u_\alpha$；$n$ 为空间城市数，其中 $n=28$；u_α表示 α 省份乡村振兴水平较高（或较低）的区域在空间分布上呈现集聚现象，数值越大集聚现象越明显。反之，若 *Moran's I* 显著为负，则表明乡村振兴水平具有显著的空间差异，数值越大，空间差异越大。假设 z 是观测值与均值的离差向量（$z = u_\alpha - u$），ω_z 为其空间滞后向量，是由区域周围相邻单元的加权平均运算而来，*Moran's I* 可视为 z 与 ω_z 的相关系数，将 z 与 ω_z 绘制成散点图，称为莫兰散点图（Moran Scatter plot），更能直观呈现空间集聚现象。

本书将莫兰散点图划分为四个象限，分别对应四种不同的空间差异类型。第Ⅰ象限为高值聚类（H-H），本市和相邻城市的空气质量指数均较高，二者的空间差异程度较小；第Ⅱ象限为低值被高值包围（L-H），本市空气质量指数较低，相邻城市空气质量指数较高，二者的空间差异程度较大；第Ⅲ象限为低值聚类（L-L），本市和相邻城市的空气质量指数均较低，二者的空间差异程度较小；第Ⅳ象限为高值被低值包围（H-L），本市较高，相邻省份乡村振兴空气质量指数水平较低，二者的空间差异程度较大。需要特别说明的是，本书阐述的高（H）和低（L）是一个相对值，表示各城市空气质量指数相对高低。

（二）空间相关性分析

运用 Matlab2021a 软件计算京津冀及周边地区空气质量指数全局 *Moran's I*，并采用蒙特卡罗模拟的方法检验 *Moran's I* 的显著性，计算结果见表 3.1。

表 3.1　京津冀及周边地区空气质量指数的 *Moran's I*

项目	2014 年	2015 年	2016 年	2017 年	2018 年	2019 年	2020 年	2021 年
Moran's I	0.235	0.167	0.103	-0.038	0.379	0.226	0.165	0.262
Z 值	2.5	1.773	1.219	-0.042	3.619	2.226	1.675	2.525
P 值	0.006	0.038	0.111	0.483	0	0.013	0.047	0.006

表 3.1 显示，京津冀及周边地区空气质量指数的 *Moran's I* 除在 2017 年为负值外，其他均为正值，总体上呈现递增态势，局部呈现先下降后上升的趋势，在 2018 年达到最大值（0.379）。这充分说明，考察期内空气质量指数相似城市在空间上具有强烈的分布集聚现象，随着时间的推移，这种趋势还在不断加强，集聚效应也在逐步加强。

为了更进一步明晰各省份空间分布的演进轨迹，使用 Matlab2021a 软件，分别对 2014 年、2016 年、2018 年和 2020 年进行莫兰散点图绘制，结果如图 3.119 所示。

图 3.119 显示，大部分省份落在第Ⅰ象限（H-H）和第Ⅲ象限(L-L)，该结果进一步印证了空间质量指数在地理空间上呈现高度集聚现象。具体而言，其一，河北省和山东省的城市落在第Ⅰ象限高值集聚区，而河南省和山西省的城市大都落在第Ⅲ象限低值集聚区，市域差异和区位优势显得尤为突出。其二，考察期内，菏泽市大都处在低值被高值包围区（第Ⅱ象限），仅在 2020 年发生跃迁，说明菏泽市空气质量指数较低，相邻城市较高，菏泽市与相邻城市空间差异较大，这与其他城市有所不同，需要特别注意。

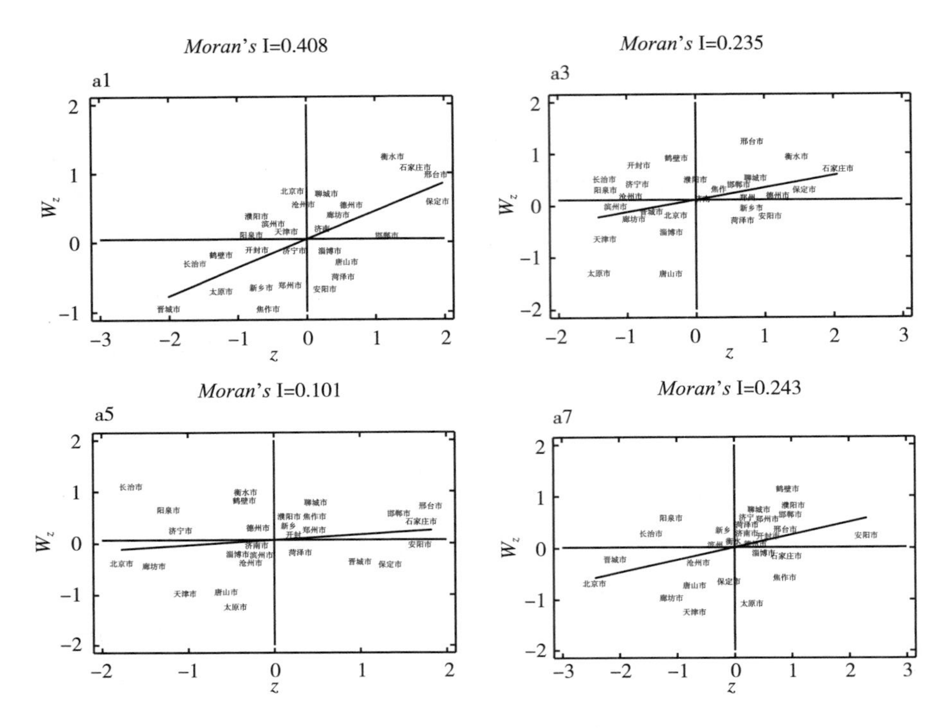

图 3.119　京津冀及周边地区的莫兰散点图

综上所述，京津冀及周边地区处于高水平集聚区且长期未变动，说明空气质量指数普遍偏高，空气质量有待改善，河南省和山西省的城市处在高水平集聚区。因此，当务之急是对于处在高水平集聚区的城市提供更多政策支持，尽可能缩小市域之间空气质量差距和鸿沟。

三、基于 Kernel 核密度的动态演进趋势

（一）核密度函数估计

采用 Kernel 密度函数估计对全国及四大区域乡村振兴水平绝对差异的分布动态演进规律进行探索，重点呈现全国及四大区域内部分布位置、态势、延展性及极化现象。主要参考沈丽等（2019）学术成果，假设 $f(c)$ 是中国乡村振兴水平 c 的密度函数，则：

$$f(c) = \frac{1}{N\rho}\sum_{i=1}^{N} K\left(\frac{C_i - \bar{c}}{2}\right) \tag{3-2}$$

其中，N 为观察数的个数，$K(\cdot)$ 是核函数，C_i 为独立同分布的观察值，$\bar{c}$ 为均值。ρ 为带宽，带宽越小，估计精确度越高，曲线越不光滑。本书选择比较常用的高斯核函数对京津冀及周边地区的空气质量指数的分布动态演进进行估计，核函数表达式为：

$$K(c) = \frac{1}{2\pi}\exp\left(-\frac{c^2}{2}\right) \tag{3-3}$$

（二）分布动态演进分析

使用 Kernel 密度估计分析京津冀及周边地区空气质量指数的分布动态演进，可以刻画空气质量指数分布的整体形态，通过不同时期的比较，可以把握空气质量指数分布的动态特征。本书使用 Matlab2021a 软件，取高斯核密度函数，令 $\rho = 0.05$，绘制京津冀及周边地区空气质量指数 Kernel 密度估计三维图。

图 3.120 显示，京津冀及周边地区空气质量指数的分布动态演进呈现出以下三个方面的特征：一是波峰高度的整体分布呈现越来越陡峭走势，宽度收窄，右拖尾延展拓宽，说明京津冀及周边地区空气质量指数水平的差距在逐渐缩小，但这种变化并不突出；二是空气质量指数水平整体变化并不明显；三是主峰数量始终都是一个，说明京津冀及周边地区空气质量指数水平并未出现多极化现象和收敛现象。综合而言，京津冀及周边地区空气质量指数水平虽呈现逐年递减态势，但递减速率较慢，各城市存在一定差距且差异在缩小，并未出现多极化现象，意味着存在差距但不严峻。

图 3.121（a）显示，河北省各城市空气质量指数水平的分布曲线主峰左移，高度下降，说明河北省各城市空气质量指数水平总体下降，空气质量逐渐变好。主峰形态由“尖而窄”演变为“扁而平”，说明各城市空气质量指数呈现下降趋势。图 3.121（b）显示，山西省各城市空气质量指数水平的分布曲线多峰形态明显，存在多极分化现象。但总体是

向右移动趋势，主峰越来越陡峭，分布曲线向左移动，说明山东省空气质量逐渐向好。图 3.121（c）显示，河南省各城市空气质量指数水平的分布曲线多峰形态明显，逐渐向单峰过渡，说明两极分化现象在减弱。图 3.121（d）显示，山东省各城市空气质量指数水平与河南省各城市空气质量指数水平相似的特征。

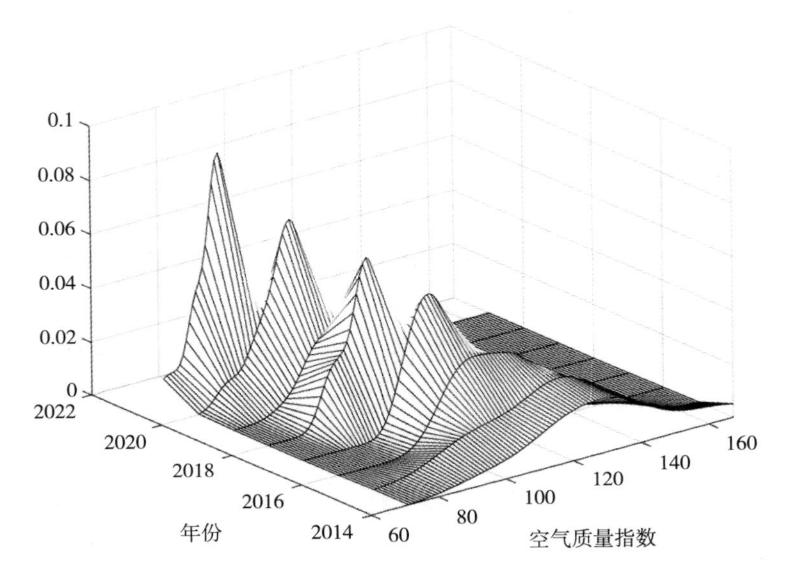

图 3.120　京津冀及周边地区空气质量指数水平的分布动态演进

资料来源：笔者绘制。

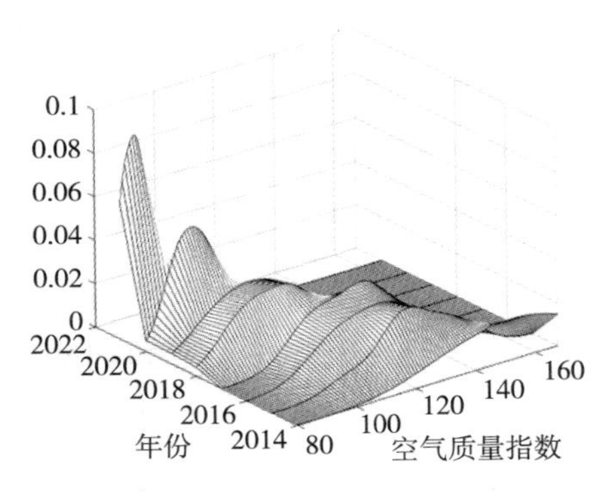

（a）河北省各城市空气质量指数水平

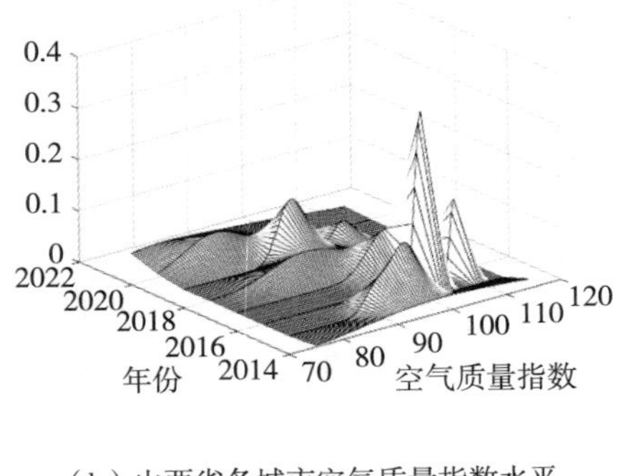

（b）山西省各城市空气质量指数水平

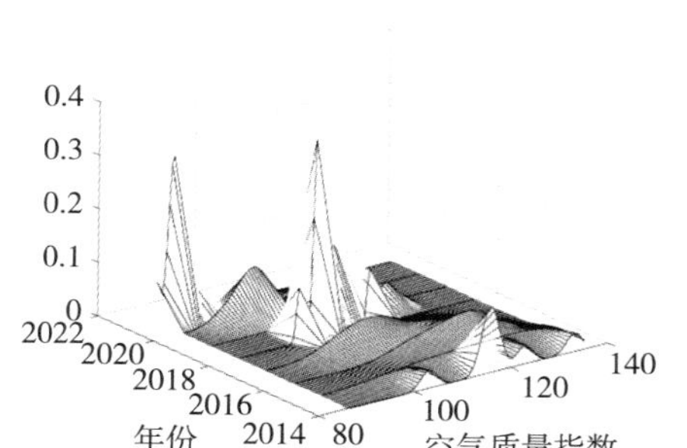

（c）河南省各城市空气质量指数水平

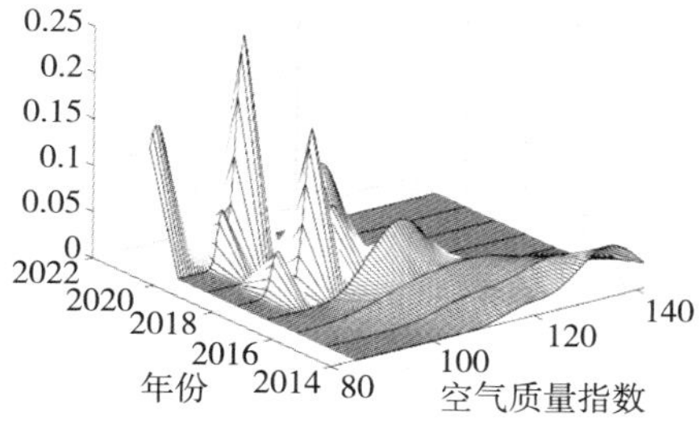

（d）山东省各城市空气质量指数水平

图 3.121　河北、山西、河南、山东四个省空气质量指数水平的分布动态演进

资料来源：笔者绘制。

第三节　京津冀地区大气污染的相关性分析及关联度分析

一、相关性分析

（一）模型构建

为检测 28 个地级市 2014～2021 年 AQI（空气质量指数）与 PM2.5、PM10、O_3 等大气污染物之间的相关性，所选数据均呈连续线性关系，因此本书将采用皮尔逊相关系数（Pearson correlation coefficient），对 AQI 的影响因素进行研究。

皮尔逊（Pearson）相关系数是一种用于衡量两个连续变量之间线性相关关系强度的统计指标，用于度量两个变量之间的相似度或相关性。取值范围在 -1 至 1 之间，-1 表示完全负相关，+1 表示完全正相关，0 表示没有任何线性相关关系。皮尔逊相关系数的值越接近于 1 或 -1，表示两个变量之间的线性关系越强；值越接近于 0，表示两个变量之间的线性关系越弱。Pearson 相关系数公式如下：

$$r = \frac{\sum_{i=1}^{n}(x_i - \bar{x})(y_i - \bar{y})}{\sqrt{\sum_{i=1}^{n}(x_i - \bar{x})^2(y_i - \bar{y})^2}} \tag{3-6}$$

本书分别采用空气质量指数（AQI）、细颗粒物（PM2.5）、可吸入颗粒物（PM10）、一氧化碳（CO）、二氧化氮（NO_2）、臭氧（O_3）、二氧化硫（SO_2）来衡量大气污染治理状况，并将其分别作为被解释变量。采用这些指标的原因为AQI是描述整体空气质量的无量纲指数，六种常规污染物是参与空气质量评价的主要污染物，其排放量可以直接反映空气质量状况。

（二）结果分析

综合上述计算结果分析可知，PM2.5与AQI的相关系数r为0.241，两变量间存在正相关但线性关系较弱，PM10与AQI相关性在0.01级别上显著，二者存在正相关且有较强的线性相关关系，某些污染源（如交通尾气、工业排放等）会大量排放PM10等颗粒物，这些污染源会对空气中的气溶胶浓度产生较大影响，进而使其与空气质量指数之间存在较强相关关系。另外，虽然CO是一种常见的污染物，但它对AQI的影响相对较小。NO_2、O_3、SO_2均在1%的水平上通过了显著性检验，其中NO_2与SO_2的排放与AQI指数呈现出较强的正相关性，O_3气体的释放与AQI指数呈现出负相关性（见表3.2）。

表3.2　京津冀地区大气污染的相关性分析

变量	AQI	PM2.5	PM10	CO	NO_2	O_3	SO_2
AQI	1						
PM2.5	0.241**	1					
PM10	0.955**	0.216**	1				
CO	0.064	-0.026	-0.003	1			
NO_2	0.807**	0.144*	0.820**	0.004	1		
O_3	-0.608**	-0.354**	-0.615**	-0.047	-0.584**	1	
SO_2	0.768**	0.185**	0.807**	0.041	0.769**	-0.723**	1

注：** 表示在0.01级别（双尾）相关性显著，* 表示在0.05级别（双尾）相关性显著。

这表明28个地级市AQI空气质量指数与PM10细颗粒物因素关系最为

紧密，NO_2、SO_2、O_3 次之，PM2.5、CO 因素影响较弱。

PM10 是对空气质量指数（AQI）产生重要影响的空气污染物之一，它们的主要来源为道路扬尘、建筑工地尘土、汽车尾气排放等。当 PM10 的浓度升高时，AQI 也会相应增加。PM10 颗粒物直径小于或等于 10μm，易被人体吸入，可能引发呼吸道炎症，导致呼吸系统感染和疾病，如哮喘、慢性阻塞性肺病等。此外，某些颗粒物还可能沉积在肺部，对肺部组织造成损害。为了降低空气污染对健康的影响，需采取必要措施降低 PM10 的排放。例如，定期洒水压尘、绿化造林、建设防风抑尘设施等；此外，政府需要加强污染源头的治理，完善法规和标准，限制高排放车辆的行驶，鼓励使用清洁能源等。

京津冀及周边地区在今后的污染减排治理过程中应当着重降低自身污染物的排放，重点降低 PM2.5、PM10 和 SO_2 等工业大气污染物，优化能源结构，加速推进清洁能源的利用；加强工业和交通部门的污染物排放控制和减排工作，特别是重点行业和高污染运输工具，推动工业结构调整和升级。综合各项措施的实施可以有效地减少京津冀地区的大气污染和碳排放，助力区域大气环境质量的改善。

二、关联度分析

灰色关联分析是一种统计分析技术，主要用来分析系统中母因素与子因素关系的密切程度，从而判断引起系统发展变化的主要因素和次要因素，是对系统动态发展态势的量化比较分析方法。相较于传统的数理统计分析方法，灰色关联分析方法对样本量多少和样本有无规律都同样适用，而且计算量小，不会出现量化结果与定量分析结果不符的情况，弥补了采用数理统计方法进行系统分析所导致的缺陷。

（一）影响指标选取与数据处理

本书选取了 2014～2021 年京津冀及周边地区的 PM2.5、PM10、CO、NO_2、O_3、SO_2 六个相关数据作为研究样本，六个相关数据来源于中经数据平台、《中国环境统计年鉴》和各市的统计年鉴。

（二）灰色关联分析方法

灰色关联分析的步骤如下：

第一步：确定参照序列和比较序列。为测算空气质量指数变动的灰色关联度。

选择京津冀及周边地区空气质量指数作为参考序列：

$X_0 =（x_{01}, x_{02}, x_{03}, x_{04}, x_{05}, x_{06}, x_{07}, x_{08}）$;

将六个影响因素作为比较序列：$X_i = (x_{i1}, x_{i2}, x_{i3}, x_{i4}, x_{i5}, x_{i6}, x_{i7}, x_{i8})$，其中 $i = 1, 2, 3, \cdots, n$ 。

第二步：对变量进行无量纲化处理。本书运用初值法，得到$X_i' = \frac{X_i}{x_{i1}} = (x_{i1}', x_{i2}', \cdots, x_{in}'), i = 0, 1, 2, \cdots, m$。

第三步：求出差序列、最大差和最小差。

差序列公式：$\Delta_{0i}(k) = |x_0'(k) - x_i'(k)|, k = 1, 2, \cdots, n$

最大差为：$M = \max_i \max_k \Delta_i(k)$

最小差为：$m = \min_i \min_k \Delta_i(k)$

第四步：计算关联系数。

根据关联系数公式 $\delta_i(k) = \frac{\Delta X_{\min} + \rho \Delta X_{\max}}{|x_0(k) - x_i(k)| + \rho \Delta X_{\max}}, k = 1, 2, \cdots, n; i = 0, 1, 2, \cdots, m$。其中 ρ 为分辨系数，常取 $\rho = 0.5$。

第五步：求关联度，r_i 越大表明二者关联性越好。

$$r_i = \frac{1}{n} \sum_{i=1}^{n} \delta_i(k)$$

第六步：分析结果。

若 $r_i > r_j > r_k > \cdots > r_z$，则表示 x_i 优于 x_j，x_j 优于 x_k，依此类推，记 $x_i > x_j > x_k > \cdots > x_z$。其中，$x_i > x_j$ 表示因子 x_i 对参考序列 x_0 的灰色关联度大于 x_j。关联度越大说明该组因素与母因素之间的紧密程度越强。

（三）结果与分析

综合上述计算结果分析可知，$r(x_0,x_1)=0.7313$，$r(x_0,x_2)=0.7675$，$r(x_0,x_3)=0.7486$，$r(x_0,x_4)=0.8874$，$r(x_0,x_5)=0.5283$，$r(x_0,x_6)=0.5178$，即 $r(x_0,x_4)>r(x_0,x_2)>r(x_0,x_3)>r(x_0,x_1)>r(x_0,x_5)>r(x_0,x_6)$（见表3.3）。这表明京津冀及周边地区空气质量指数与 NO_2 气体排放因素关系最为紧密，PM10 颗粒物、CO 气体排放、PM2.5 颗粒物因素次之，O_3、SO_2 因素影响最弱。

表3.3　　灰色关联系数及灰色关联度

项目	2014年	2015年	2016年	2017年	2018年	2019年	2020年	2021年	$r(x_0, x_i)$
$r[x(k), x_1(k)]$	1	0.9652	0.8368	0.6507	0.6189	0.5833	0.6148	0.5804	0.7313
$r[x_0(k), x_2(k)]$	1	0.9834	0.9106	0.7058	0.6867	0.6327	0.6317	0.5886	0.7675
$r[x_0(k), x_3(k)]$	1	0.8534	0.825	0.9329	0.6679	0.5393	0.5734	0.597	0.7486
$r[x_0(k), x_4(k)]$	1	0.8512	0.7385	0.7164	0.8467	0.9917	0.9777	0.9771	0.8874
$r[x_0(k), x_5(k)]$	1	0.7389	0.5815	0.4201	0.3865	0.3849	0.3691	0.3457	0.5283
$r[x(k), x_6(k)]$	1	0.6839	0.5894	0.4361	0.3799	0.3333	0.3482	0.3711	0.5178

NO_2 在环境空气中能与很多有机化合物产生激烈反应，例如，在足够的光照条件下与挥发性有机物 VOCs 发生反应就会产生 O_3 和光化学烟雾，会引发二次颗粒物污染，从而加剧环境空气中 PM2.5 污染程度。空气中 NO_2 浓度高时，会显现红棕色的光化学烟雾，在一定程度上加剧了大气能见度的浑浊。不仅如此，NO_2 也是引起城市酸雨的原因之一，所以 NO_2 是环境空气中的基本监测参数。由于 NO_2 是燃烧源的主要产物，煤气、天然气、固体燃料、香烟等均会产生 NO_2，包括城市热力发电、高密度交通的机动车尾气等也会产生 NO_2。PM10 有两种来源途径，第一种，来源于各种工业过程，如燃煤、冶金、化工、内燃机等，会直接排放超细颗粒物，其中可吸入颗粒物的主要形成源，也是可吸入颗粒物污染控制的重要对象。第二种，来源于大气中二次形成的颗粒物。大气中形成的二次超细颗粒物与气溶胶等相互作用形成细小颗粒物，其中一部分会落到地面，另一部分则可能被吸入，从而增加了 PM10 的浓度。PM10 的前身为能在大气中长期

漂浮的物质，由于它能在大气中长期漂浮，易将污染物带到很远的地方，导致污染范围扩大，其在大气中还可为化学反应提供反应床。随着社会经济的发展，我国城市化进程不断加快，机动车数量逐年增加，道路修整逐年完善，导致我国的 NO_2 和 PM10 浓度水平普遍偏高，对空气质量指数影响较大。

第四节 本章小结

本章主要从大气污染物时间变化特征、大气污染物时空演变特征和京津冀地区大气污染的相关性及关联度三个方面进行分析，得出三个结论。第一，2014～2021 年，京津冀及周边地区的 PM2. 5、PM10 年平均浓度均在逐年降低，相反，O_3 年平均浓度不断上升，O_3 污染愈发严重。2014～2021 年，京津冀及周边地区大气污染物浓度的季节变化呈现显著性。2014～2021 年间京津冀及周边地区 O_3 浓度略呈倒“U”型的变化特征，O_3 浓度值在第二季度最高，春秋两个季度平均浓度相近，第四季度最低；PM2. 5 浓度从 1 月份起呈下降的趋势，7 月、8 月、9 月为低谷期，然后 PM2. 5 月平均浓度呈上升；PM10 浓度从 1 月起就呈下降趋势，在 7 月、8 月、9 月达到最低浓度，继而月平均浓度不断上升。2014～2021 年京津冀及周边地区在提高城市绿化水平、改善城市环境方面做出了努力，但仍需要继续加强环保工作。第二，京津冀及周边地区 2014～2021 年的空气质量指数呈现下降趋势，说明其空气质量逐渐变好。运用莫兰指数发现 2014～2021 年京津冀及周边地区处于高水平集聚区且长期未变动，说明空气质量指数普遍偏高，空气质量有待改善。使用 Kernel 密度估计分析发现 2014～2021 年京津冀及周边地区空气质量指数水平虽呈现逐年递减态势，但递减速率较慢，各城市存在一定差距且差异在缩小，可喜的是并未出现多极化现象，意味着存在差距但不严峻。第三，采用皮尔逊相关系数对 AQI 的影响因素进行研究发现 2014～2021 年京津冀及周边地区 AQI 空气质量指数与 PM10 细颗粒物因素关系最为紧密，CO_2、SO_2、O_3 次之，PM2. 5、CO 因素影响较弱。运用灰色关联分析 2014 ~2021 年发现京津冀及周边地区空气质量指数与 NO_2 气体排放因素关系最为紧密，PM10 颗粒物、CO 气体排放、PM2.5 颗粒物因素次之，O_3、SO_2 因素影响最弱。

综上所述，对于京津冀及周边地区的大气污染问题，要加强京津冀及周边地区的区域协同治理。由于其跨城市、跨省份特点，空气污染不是一个单一城市的问题，而是一个整体的区域性问题，需要加强区域间的合作和协调，共同制定和实施空气污染防治措施。

04 第四章 京津冀及周边地区大气污染预测

现阶段，京津冀及周边地区大气污染形势严峻，对于大气污染及空气质量的研究，有助于深入了解环境和人类活动之间的相互关系，为改善空气质量、保护生态环境以及促进人类健康和城市可持续发展提供有益信息。为了预测京津冀及周边地区的大气污染情况，客观判定大气污染趋势，分析各因素对于空气质量情况影响的重要性，本章搜集和整理了2010～2021年北京市、天津市、河北省、河南省、山东省、陕西省共六个省（市）的空气污染、空气质量、社会经济发展等相关数据，进行大气污染的预测，多模型预测结果对比后选取预测效果较好的结果。本章主要从京津冀及周边地区大气污染问题提出与理论分析、大气污染影响因素分析、京津冀及周边地区空气质量现状分析、大气污染趋势预测、研究结果和结论五个方面进行分析阐述。

第一节 问题提出与理论分析

我国工业的发展、人口的增加、能源的过度开采和不合理利用，带来了诸多的环境问题，其中以大气污染最为严重，不仅影响了人们的正常生活，还阻碍了经济的可持续发展。

贾艳青等（2023）利用山西省11个地级市大气环境监测站的PM2.5、PM10和O_3浓度数据，分析了2015~2020年山西省PM2.5、PM10和O_3浓度时空变化特征，采用空间计量模型和岭回归方法，分析了空气污染对公众健康的空间影响。大气环境质量和经济发展水平均对医疗机构诊疗人数和健康体检人数的变化有正向影响，每万人卫生技术人员数量和公共财政支出比例对公众健康均有负向影响，其中经济发展水平和大气环境质量的影响最显著。

李飞等（2023）在《我国省域CO_2-PM2.5-O_3时空关联效应与协同管控对策》中分析了2015~2019年我国省域CO_2排放量和大气PM2.5、O_3污染浓度的时空特征及三者变化量之间的关联效果。而后利用排放因子法编制2011~2019年各省份CO_2和PM2.5、O_3前体物的排放清单，结合STIRPAT模型分情景预测了CO_2和PM2.5、O_3前体物的协同效应，并建立评级体系识别重点管控区域并对其开展分部门的协同效应解析，最后提出分级协同管控对策。

研究空气质量好于二级的天数对于环境科学和公共健康具有重要的意义。空气质量通常通过空气质量指数（air quality index，AQI）来评估，分为不同等级，其中二级是较好的空气质量水平。反映了相对较清新的大气环境，有助于评估环境中潜在的大气污染因素。这对于环境保护政策和公共卫生政策的制定提供支持。研究空气质量好于二级的天数有助于深入了解环境和人类活动之间的相互关系，为改善空气质量、保护生态环境以及促进人类健康和城市可持续发展提供有益信息。

因此，本书收集了京津冀及周边地区2010~2021年的空气质量达到及好于二级的天数、空气质量指数、SO_2、氮氧化物、颗粒物等数据，对京津冀及周边地区大气污染现状进行分析。

第二节 京津冀及周边地区大气污染影响因素分析

一、空气质量预测变量选取

经过前人文献梳理以及现状分析后，考虑研究的严谨性及数据的可得性，本书搜集2010～2021年北京市、天津市、河北省、河南省、山东省、陕西省共六个省份的空气污染、空气质量、社会经济发展相关数据，具体指标如表4.1所示。

表4.1 变量描述

指标	变量名称及单位	变量类型
空气质量	空气质量达到及好于二级的天数（天）	响应变量（因变量）
政府治理	废气治理投资（万元）	特征变量（自变量）
污染物排放	SO_2（万吨）	
	氮氧化物（万吨）	
	颗粒物（万吨）	
社会经济发展	GDP（亿元）	
	固定资产投资	
	城市建设用地面积（万公顷）	
	就业人数（万人）	
	能源消耗（万吨标准煤）	
环境因素	绿化覆盖面积	
	降水总量（亿立方米）	
	单位降水量（毫米）	

二、空气质量预测变量解释

（一）政府治理

废气治理投资：魏峰和张晴（2023）结合衡量碳排放及废气治理投资

的投入产出指标，运用超效率 SBM 模型与 ML（malmquist-luenberger）指数从动、静两个方面研究中国低碳废气治理投资效率，以中国 30 个省份为研究对象，将不同地区间的效率进行比较分析；此外，采用空间杜宾模型（spatial dubin model，SDM）研究中国低碳背景下废气污染治理投资效率的空间演变特征，结果表明，不同地区间治理投资效率差异较大，中国低碳废气治理投资效率整体呈增长趋势。

（二）污染物排放

金亭等（2019）针对区域大气污染物排放量与空气质量在时空分布上存在不完全协同、匹配的现象，选择 SO_2、NO_X、PM2.5、CO 和 VOCs 作为大气污染物指标，AOD 作为空气质量的指标，以武汉市为例，综合应用耦合模型和空间错位指数模型研究两类指标之间的空间非协同耦合规律。得出以下结论：SO_2 排放量与 AOD 在武汉市远城区的空间错位指数均大于 0.7，且耦合度指数小于 0.3，呈现较强的非协同耦合特征，NO_X、VOCs、PM2.5 的排放量与 AOD 在武汉中心城区的空间错位指数均小于 0.5，且耦合度指数大于 0.5，协同耦合现象较为显著。

朱文晶等（2023）基于济南市 2018 ~ 2022 年空气常规污染物质量浓度的监测数据，采用 Sen's 斜率估计、MK 检验分析、灰色关联分析等方法对济南市空气质量变化趋势和影响因素进行了分析。结果表明：各项空气污染物质量浓度显著性下降，空气质量总体变好。空气污染物质量浓度与空气质量有明显的关联性。并且除 O_3 质量浓度随时间变化呈倒“V”型、第二季度最高外，其他污染物质量浓度随时间变化呈“V”型，第一季度、第四季度高，第二季度、第三季度低。表明空气污染物质量浓度季节性变化有很大的关联性。

陈佳（2023）基于济南市的空气质量相关历史数据，首先利用描述性统计分析，从不同时间尺度下对 AQI、空气质量等级及六大污染物浓度的变化进行分析，研究了近年来济南市的空气质量现状。结果显示，济南市的空气质量整体上呈现逐年改善的趋势，第四季度、第二季度的 AQI 均值最大，第一季度、第三季度节的 AQI 均值有所减小。第一季度空气质量的首要污染物是 CO，第二季度的首要污染物为 PM10，第三季度和第四季度的首要污染物分别为 SO_2 和 PM2.5。然后利用多元回归分析、随机森林模型、相关性分析及关联度分析等统计分析方法，空气质量的影响因素。

对于空气质量指数来说，参与评价空气质量好坏的主要污染物有以下几种，烟尘、颗粒物、可吸入颗粒物、CO_2、SO_2、CO、O_3、挥发性有机化合物等，本书选取的作为评价空气质量指标的主要大气污染物包括 SO_2、氮氧化物以及颗粒物共三种。

（三）社会经济发展

就业人数：伯克维茨（Berkowitz，1974）研究了健康问题对劳工活动的影响，并考虑了因健康问题增加的失业成本。研究指出，空气质量的下降会导致劳工身体健康出现不同程度的问题和该区域的失业率增加，从而使该区域提供的有效劳动力水平发生下降。金姆（Kim，2017）在印度尼西亚分别调查了空气质量污染物对劳动力供给的中期和长期影响。调查表明，空气污染缩短了劳动者的上班时间，尤其是中期影响的程度较大，而部分影响长期持续。巴特（Bart，1983）利用 OLS 模型，对 20 世纪 70 年代美国官方出具的居民健康数据进行了检验，结果表明当大气悬浮物增多时，会导致居民的误工概率上升。综合以上分析表明就业人数与空气质量有很大的关联性。

能源消耗：洪全（2003）分析了重庆市的能源消耗与大气污染的关系，认为重庆市的能源结构几乎没有改变其他能源结构，如天然气、石油和电能等的消耗虽然有逐年增加的趋势，但在能源消耗总量中，煤的占比依然是最大的。因此，如果想改善重庆市城区的空气质量，必须调整能源结构、增加清洁或较清洁能源的使用比例，进一步减少城区内原煤消耗量。

GDP：格罗斯曼和克鲁克（Grossman and Krueger，1992）通过研究人均收入水平对环境污染的影响发现，收入水平相对较低时，环境的污染程度会随着收入的增加而上升，而在高收入水平下则会随着人均收入的增加而降低。班迪欧—帕迪亚等（Bandyo - Padhyay，et al.，1992）收集了不同国家的数据，在研究了不同国家的经济增长和环境污染的关系后发现，发达国家和发展中国家均存在环境库兹涅茨曲线。赵立祥和赵蓉（2019）基于空间计量视角研究得出，中国历年的大气污染存在显著的空间相关性与溢出效应，且经济增长对中国的大气污染排放起促进作用。综合上述分析表明 GDP 与空气质量之间联系密切。

城市建设用地：贾倩和叶长盛（2019）选取中国 35 个大中城市作为样本城市，利用典型相关分析方法分析城市建设用地结构与空气质量之间的关系。典型相关分析结果表明，样本城市建设用地结构对空气质量有一定影响。不同的区域空气污染物不同，影响空气污染物浓度的建设用地结构因子也不同。结果显示，不同的设施用地与 SO_2、NO_2 等衡量空气质量的污染物指标呈现不同正相关或负相关，样本城市建设用地结构对空气质量有一定影响。

（四）环境因素

降水量：魏月娥等（2020）利用吴忠市 2015～2018 年气象观测资料和空气质量监测资料，对比分析不同降水条件下空气质量状况和各种空气污染物浓度的变化特征发现：降水有利于空气质量的提升，且降水量越大，空气质量越好，空气污染物浓度较低，无降水时则相反。相关研究表明降水对空气质量产生明显的影响，一方面强降水导致地面气温降低，大气垂直扩散条件相对增强，同时湿沉降作用明显，有利于降低空气中的颗粒物浓度；此外太阳辐射强度降低，O_3 生成受到抑制，因此空气质量较好；另一方面当降水强度较小时，大气相对湿度较高，伴随环境变化 PM2.5 浓度可能出现升高情况，空气质量转差。

绿化覆盖：绿色植被对于空气中的 CO_2、一些有害气体及空气中漂浮的灰尘颗粒具有一定的吸收和吸附作用，它对空气质量的净化有显著的促进作用。大规模的绿化可以帮助吸收有害气体，减少空气污染，绿化覆盖面积越大，城市的空气质量越好。

第三节 京津冀及周边地区空气质量现状分析

当前，京津冀及周边地区大气污染形势严峻，为进一步探究京津冀及周边地区的空气质量现状及问题，分析各因素对于空气质量情况影响的重要性，本章规定空气质量达到及好于二级的天数作为响应变量，同时自变量中污染物排放层面指标为SO_2、氮氧化物、颗粒物，此处采用省域层面2010～2021年空气质量及污染物排放数据进行现状分析。

一、空气质量整体评价

由表4.2可以看出，京津冀及周边地区空气质量存在明显差距，从京津冀及周边地区空气质量达到及好于二级的天数来看，山东省空气质量相对较差，2010～2021年空气质量达到及好于二级的天数一直小于300天，从整体看，山东省空气质量不断向好发展，2021年空气质量达到及好于二级的天数达到260天，占全年的71.23%，相比于2010年的127天，空气质量明显得到改善。北京市空气质量达到及好于二级的天数也相对较少，仅有2021年超过了300天，其他年份均小于300天，最小值出现在2013年，为167天，2013年以后，空气质量达到及好于二级的天数不断增加，说明近些年北京市空气质量得到很大改善。天津市、河北省、山西省和河南省在2012年以前空气质量相对较好，空气质量达到及好于二级的天数在300天以上，2012年以后空气污染问题较为严重，尤其是在2013年，天津市、河北省和山西省空气质量达到及好于二级的天数均达到了最小值，分别为145天、129天、183天，2013年以后天津市、河北省和山西省空气质量不断改善，但是空气质量达到及好于二级的天数始终在300天以下。

表 4.2　　2010～2021 年京津冀及周边地区空气质量达到及好于二级的天数

单位：天

年份	北京市	天津市	河北省	山西省	山东省	河南省
2010	286	308	337	347	127	324
2011	286	320	339	347	139	323
2012	281	305	340	347	151	326
2013	167	145	129	183	146	258
2014	168	175	152	222	200	183
2015	186	216	190	253	175	182
2016	198	226	207	249	206	196
2017	226	209	202	200	217	200
2018	227	207	208	207	220	207
2019	240	219	226	232	214	193
2020	276	245	256	263	253	245
2021	301	264	256	201	260	233

资料来源：2010～2021 年《中国统计年鉴》、2010～2021 年《中国环境统计年鉴》和中国经济信息网（www.cei.cn）。

为更全面分析京津冀及周边地区大气污染情况，本书收集了 2015～2021 年各地区各月份的空气质量指数（AQI）的数据，并根据月度数据计算了均值用以反映全年的空气质量情况。从表 4.3 中可以看出，2015～2021 年，北京市空气质量指数逐年变小，从 121.5 降低至 77.92，表明北京市空气质量也不断提升。天津市空气质量在 2015～2017 年相对较差，空气质量指数在 100 以上，2017 年最大，为 112，2017 年以后天津市空气质量不断转好，2021 年最小，为 85。河北省各地区空气质量略有不同，2015～2017 年，保定市、石家庄市、衡水市、邢台市和邯郸市空气质量相对较差，部分年份空气质量指数在 130 以上，2017 年以后河北省各地区空气质量指数都有不同程度的下降，2021 年，唐山市、廊坊市空气质量指数降至 90 以下。同河北省各地区相比，山西省各地区空气质量相对较好，各年份各地区空气质量指数均在 115 以下，长治市和晋城市近两年空气质量不断转好，而太原市和阳泉市近些年空气质量指数变化不大。2015～2021 年，山东省各市中以济宁市和滨州市空气质量最好，空气质量指数最大值分别为 117.17 和 110.67，最小值分别为 91.58 和 93.08，其他地区空气质量指数相对较大，但近些年数值也在不断减小。河南省郑州市、开封市、安阳市和焦作市空气质量稍差一些，其中，郑州市空气质量指数在 2015 年为

135.08，2021 年以后，郑州市、开封市、焦作市的空气质量指数都在 100 以下，而新乡市、鹤壁市和安阳市、濮阳市空气质量指数都大于 100。

表 4.3　　2015～2021 年京津冀及周边各地区空气质量指数

省份	地区	2015 年	2016 年	2017 年	2018 年	2019 年	2020 年	2021 年
天津市	天津市	103.00	103.92	112.00	91.58	100.08	90.33	85.00
北京市	北京市	121.50	113.17	102.25	87.00	86.50	78.58	77.92
河北省	保定市	146.75	130.67	133.92	109.83	109.25	94.83	92.92
	唐山市	121.67	112.92	114.58	93.42	90.83	90.83	87.58
	廊坊市	123.25	107.58	109.00	88.75	94.42	87.92	85.67
	石家庄市	123.67	135.67	133.92	112.17	114.00	103.00	98.33
	沧州市	105.42	107.33	112.25	98.25	95.92	91.08	86.25
	衡水市	139.50	130.33	122.08	98.25	104.58	87.83	90.42
	邢台市	136.50	124.08	129.58	111.83	114.42	100.67	95.50
	邯郸市	126.75	121.00	130.33	111.00	117.75	102.75	97.00
山西省	太原市	92.92	103.00	114.50	95.17	104.17	97.67	101.08
	阳泉市	90.08	102.75	108.25	89.50	96.67	87.83	90.42
	长治市	97.42	104.08	105.17	87.42	94.58	85.42	82.25
	晋城市	87.83	96.00	113.50	98.08	109.25	93.08	89.67
山东省	济南市	128.42	117.33	111.25	97.42	106.83	96.50	96.50
	淄博市	125.83	113.08	110.33	95.00	109.50	99.17	95.67
	济宁市	117.17	108.08	106.42	91.58	104.92	97.50	95.83
	德州市	141.08	127.50	118.83	99.50	107.42	97.92	96.50
	聊城市	133.92	124.50	117.33	103.25	112.25	98.25	97.25
	滨州市	110.67	105.50	109.25	98.75	103.50	93.67	93.08
	菏泽市	130.00	123.00	114.08	102.00	108.58	96.58	100.58
河南省	郑州市	135.08	121.33	96.75	96.42	111.83	98.92	95.75
	开封市	107.08	108.67	89.00	97.33	109.67	99.17	97.83
	安阳市	126.50	117.25	107.75	110.08	124.83	113.58	105.08
	鹤壁市	105.58	113.75	96.25	94.25	111.33	101.75	102.00
	新乡市	127.50	124.08	100.50	97.08	102.25	94.67	100.08
	焦作市	126.17	117.00	105.50	100.00	112.54	92.92	99.75
	濮阳市	115.50	116.58	96.42	107.67	112.25	102.17	99.75

资料来源：中国空气质量在线监测分析平台。

二、SO_2 排放现状

从表 4.4 中可以看出，2010～2021 年京津冀及周边地区 SO_2 排放总量整体上呈现出递减的趋势，从 2010 年的 621.21 万吨降低至 2021 年的 15.80 万吨，增长率达到 -97.46%。2010～2011 年，SO_2 排放量呈现递增趋势，增长率为 2.02%，2011 年 SO_2 排放总量达到最大值，为 633.79 万吨，2011～2021 年，SO_2 排放量增长率始终为负值，SO_2 排放量逐年降低，2021 年降低速度最快，增长率为 -73.42%，其次是 2016 年，相较于 2015 年排放量降低了 295.04 万吨，增长率为 -57.22%。

表 4.4　2010～2021 年京津冀及周边地区 SO_2 排放总量

年份	SO_2 排放量（万吨）	增长率（%）
2010	621.21	—
2011	633.79	2.02
2012	598.60	-5.55
2013	574.29	-4.06
2014	547.46	-4.67
2015	515.61	-5.82
2016	220.57	-57.22
2017	136.20	-38.25
2018	111.08	-18.44
2019	92.11	-17.08
2020	59.43	-35.48
2021	15.80	-73.42

资料来源：2010～2021 年《中国统计年鉴》、2010～2021 年《中国环境统计年鉴》和中国经济信息网（www.cei.cn）。

从地区来看（见图 4.1），北京市和天津市 SO_2 排放量相对较少，而河北省和山东省 SO_2 排放量相对较多，2010～2021 年，京津冀及周边地区 SO_2 排放量整体上均呈现出降低趋势，山东省 SO_2 排放量从 2010 年的 153.78 万吨降低至 2021 年的 0.31 万吨，2010～2011 年，山东省 SO_2 排放量从 153.78 万吨增长至 182.74 万吨，增长率为 18.83%，2011 年以后，山东省 SO_2 排放量逐年降低，2021 年降低速度最快，增长率为 -98.40%。山西省和河南省 SO_2 排放量变动趋势与山东省一致，均在 2010～2011 年递增，而 2011 年以后呈现出逐年递减趋势，SO_2 排放量在 2011 年达到最大值，分别为139.91万吨和137.05万吨，最小值均出现在2021年，最小值分别为9.51万吨和3.67万吨。而河北省SO_2排放量整个研究期间呈现出逐年递减的趋势，从168.36万吨降低至1.53万吨，降低了166.83万吨，增长率为-99.09%。北京市和天津市SO_2排放量变动趋势和河北省相似，从2010~2021年SO_2排放量始终呈现下降趋势，北京市一直是SO_2排放量最少的城市，2021年排放量减少至0.14万吨，天津市SO_2排放量也相对较小，2010~2021年最大排放量为28.77万吨，最小排放量为0.64万吨，降低速度最快的年份2016年，增长率为-85.64%。

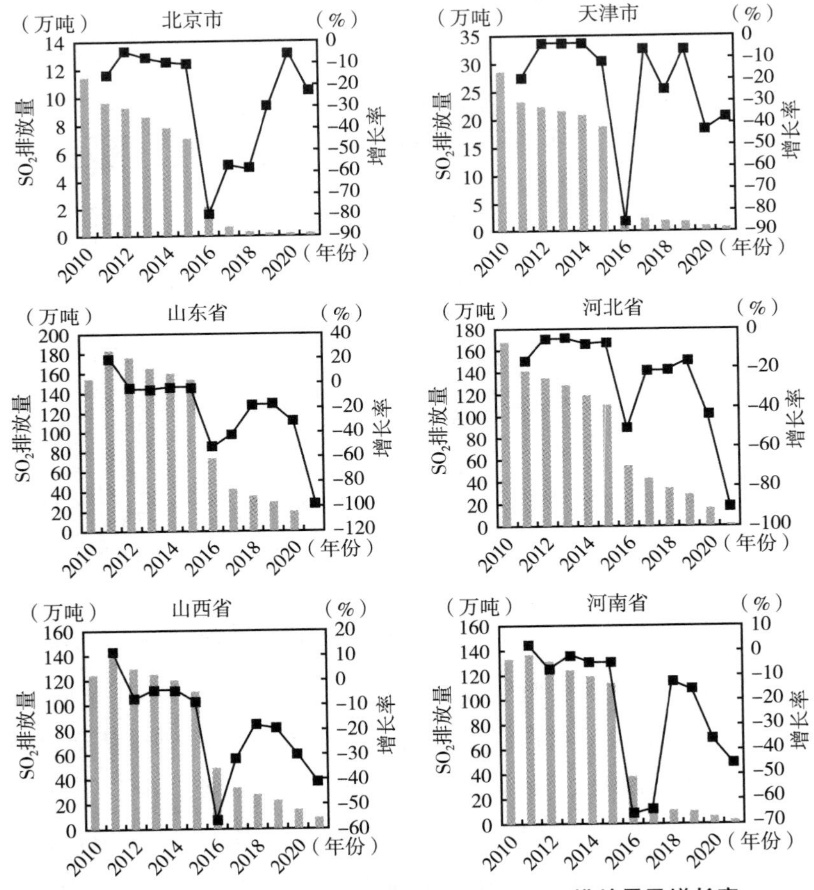

图4.1　2010~2021年京津冀及周边地区SO_2排放量及增长率

资料来源：2010~2021年《中国统计年鉴》、2010~2021年《中国环境统计年鉴》和中国经济信息网（www.cei.cn）。

三、氮氧化物排放现状

2010~2021年，京津冀及周边地区氮氧化物排放量不断减少，最大值为782.44万吨，最小值为221.72万吨，分别出现在2010~2021年，从表4.5中看出，氮氧化物排放量增长率始终为负值，2020年增长率的绝对值最大，增长率达到-22.80%，其次是2021年，增长率为-18.09%，2012年增长速度最慢，增长率为-2.94%。

表4.5　　2010~2021年京津冀及周边地区氮氧化物排放总量

年份	氮氧化物（万吨）	增长率（%）
2010	782.44	—
2011	709.00	-9.39
2012	688.17	-2.94
2013	650.52	-5.47
2014	603.10	-7.29
2015	535.23	-11.25
2016	452.63	-15.43
2017	401.39	-11.32
2018	379.25	-5.52
2019	350.66	-7.54
2020	270.70	-22.80
2021	221.72	-18.09

资料来源：2010~2021年《中国统计年鉴》、2010~2021年《中国环境统计年鉴》和中国经济信息网（www.cei.cn）。

从不同地区来看，河北省、山东省、河南省是氮氧化物排放量较大的三个省份，山西省次之，北京市和天津市氮氧化物排放量较少，其中，北京市氮氧化物排放量始终在20万吨以下，是京津冀及周边地区氮氧化物排放量最少的地区。从图4.2中可以看出，京津冀及周边地区氮氧化物排放量变动趋势相似，整体上均呈现出递降趋势，其中，北京市、河北省、山西省、河南省的氮氧化物排放量是逐年下降的，北京市氮氧化物排放量从

2010 年的 19.90 万吨降低至 2021 年的 7.57 万吨，下降速度在 2018 年最快，增长率为 -15.56%，河北省氮氧化物也从 2010 年的 194.88 万吨降低到 2021 年的 65.59 万吨，下降速度在 2020 年达到最大值，增长率为 -24.28%，山西省氮氧化物排放量在 2010 年最大，为 139.56 万吨，在 2010 年最小，为 41.92 万吨，河南省氮氧化物排放量分别在 2010 年和 2021 年达到最大值和最小值，分别为 189.92 万吨和 34.24 万吨。天津市氮氧化物排放量在 2020 年出现增长趋势，增长率为 2.45%，2021 年排放量下降，降低至 3.85 万吨，2010 ~ 2020 年，山东省氮氧化物排放量从 199.21 万吨降低至 62.47 万吨，2021 年，氮氧化物排放量增长至 68.54 万吨，增长率为 9.72%。

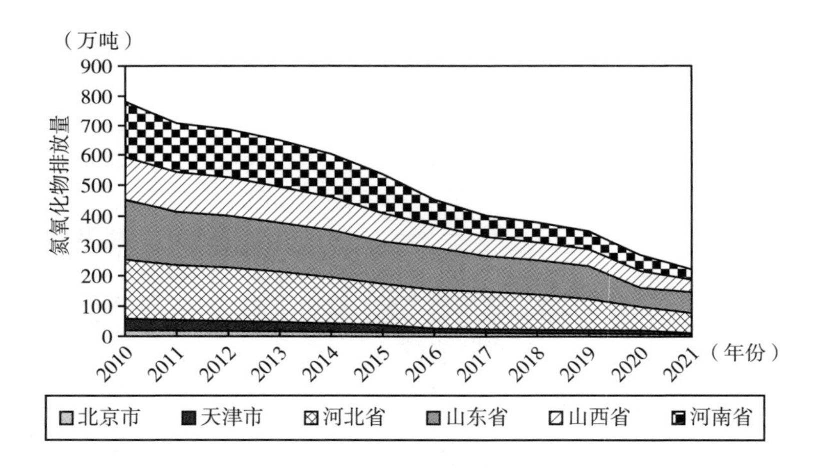

图 4.2　2010 ~ 2021 年京津冀及周边地区氮氧化物排放量

资料来源：2010 ~ 2021 年《中国统计年鉴》、2010 ~ 2021 年《中国环境统计年鉴》和中国经济信息网（www.cei.cn）。

四、颗粒物排放现状

表 4.6 数据表明，2010 ~ 2021 年，京津冀及周边地区颗粒物在波动中下降，2010 ~ 2012 年，京津冀及周边地区颗粒物排放量不断降低，从 496.74 万吨降低至 375.28 万吨，2013 年、2014 年颗粒物连续两年呈现出增长趋势，逐年增长量分别为 7.2 万吨和 176.68 万吨，2015 年颗粒物排

放量开始下降，2021 年达到最小值为 87.24 万吨，2016 年颗粒物排放量下降速度最快，增长率为 -41.27%。

表 4.6　2010 ~ 2021 年京津冀及周边地区颗粒物排放总量

年份	颗粒物（万吨）	增长率（%）
2010	496.74	—
2011	404.61	-18.55
2012	375.28	-7.25
2013	382.48	1.92
2014	559.16	46.19
2015	510.30	-8.74
2016	299.68	-41.27
2017	211.30	-29.49
2018	169.80	-19.64
2019	146.86	-13.51
2020	117.70	-19.86
2021	87.24	-25.88

资料来源：2010 ~ 2021 年《中国统计年鉴》、2010 ~ 2021 年《中国环境统计年鉴》和中国经济信息网（www.cei.cn）。

从不同地区来看，河北省、山东省和山西省是颗粒物排放量比较大的地区，河南省颗粒物排放量略低于以上几个地区，但是高于北京市和天津市。从图 4.3 可以看出，在整个研究期间，北京市颗粒物排放量始终低于 10 万吨，2010 年颗粒物排放量最大为 8.01 万吨，2021 年最小为 0.81 万吨，2012 年和 2016 年，北京市颗粒物排放量增长率为正值，排放量为增长趋势，增长率分别为 1.52% 和 0.61%，其他年份颗粒物排放量均呈现出下降趋势，2020 年下降速度最快，增长率为 -44.05%，天津市颗粒物排放量分别在 2014 年和 2021 年达到最大值和最小值，分别为 13.95 万吨和 0.68 万吨，2012 ~ 2014 年，天津市颗粒物排放量连续三年递增，2014 年增长率为 59.43%，2015 年以后，排放量始终呈现下降趋势，降低速度最快的年份为 2021 年，增长率为 -56.41%。河北省、山东省和山西省颗粒物排放量均在2014年达到最大值，排放量分别为179.77万吨、120.81万吨、150.68万吨，河北省和山东省颗粒物排放量最小值均出现在2021年，最小值分别为25.26万吨和19.22万吨，而山西省2019年排放量最小，为39.35万吨。2010~2021年，河南省颗粒物排放量变动也较大，从2010年的89.80万吨降低至2021年的1.85万吨，在2016年和2021年降低幅度较大，增长率分别为-55.02%和-78.49%。

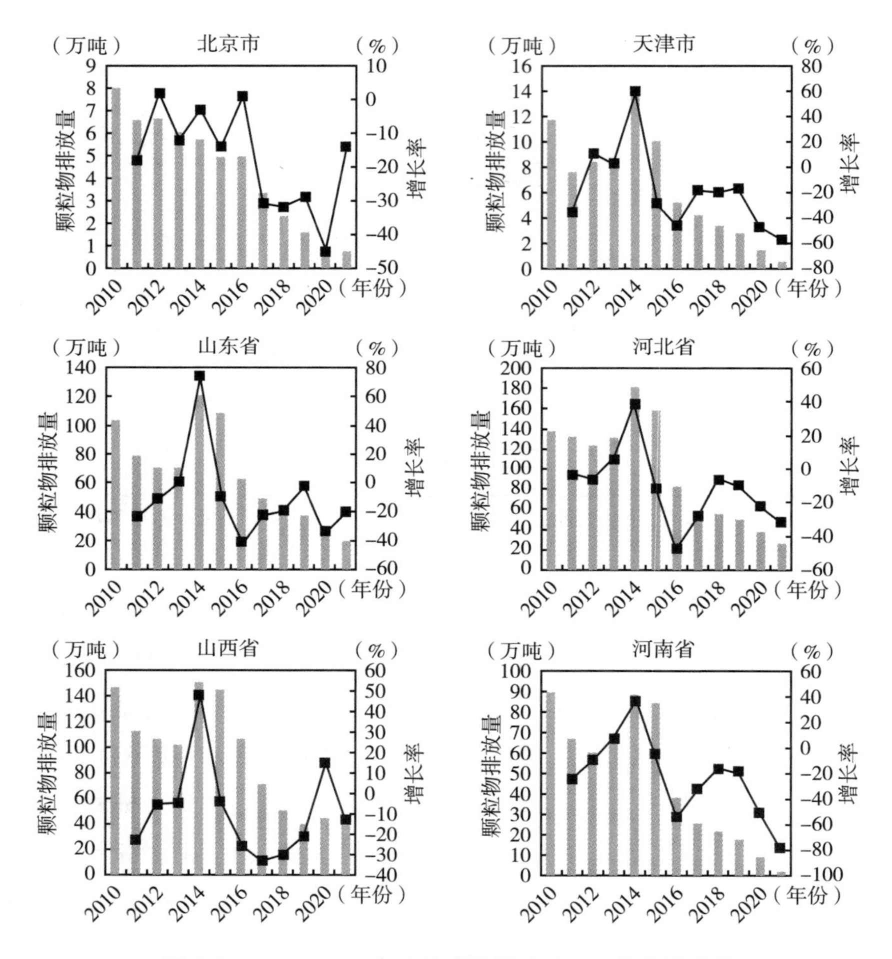

图4.3 2010~2021年京津冀及周边地区颗粒物排放量

资料来源：2010~2021年《中国统计年鉴》、2010~2021年《中国环境统计年鉴》和中国经济信息网（www.cei.cn）。

第四节 大气污染趋势预测

一、空气质量预测方法选择

在本书中使用多元线性回归模型（multivariable linear regression）、随机森林模型（random forest）、自适应提升模型（adaptive boosting，AdaBoost）、梯度提升决策树模型（gradient boost decision tree，GBDT）、极端梯度提升模型（extreme gradient boosting，XGBoost）以及多层前馈神经网络（BP 神经网络），共 6 种统计分析模型。

鉴于多元线性回归模型对随机误差项的假定具有较高的要求，在实际研究当中通常较难满足，在一般的研究中往往需要对多个假设条件进行假设检验，因此其在解释变量较多的模型中的预测效果通常难以达到要求。使用机器学习方法在进行的预测时，往往不必统计参数的假设，在一些算法中如 BP 神经网络，其不要求变量间具有线性关系的形式，因此具有很大的灵活性。机器学习与传统统计学方法中的非参数方法相近，洪永淼和汪寿阳（2021）认为很多重要机器学习方法就是统计学的非参数方法。考虑到 SVM、决策树、KNN 近邻、朴素贝叶斯等单一预测模型方法在社会经济问题中预测效果不佳，因此，本书在多元线性回归的基础上选择更强大的集成学习模型以及 BP 神经网络模型进行分析。其中，Bagging 算法选择的是随机森林，其采用的“一人一票”的决策方式能够弥补由于变量间多重共线性存在带来模型不确定性的缺陷。Boosting 算法选择的是 AdaBoost、GBDT、XGBoost 模型。AdaBoost 是一种根据误差结果进行权重调整与迭代的集成学习模型；GBDT 是一种根据损失函数的负梯度进行调整迭代的集成学习模型；XGBoost 是陈天奇博士在 GBDT 算法的基础上进行算法优化得到的一种具有良好预测效果具备并行计算能力的集成学习模型。BP 神经网络是一种基于反向传播算法的多层神经网络模型（MLP）。在其输入层与输出层之间具有多层神经网络，这让神经网络模型能够进行非线性模型的构建，反向传播算法能够对 MLP 模型进行有效训练。

因此，本书根据各种算法的适用条件，最终选择多元线性回归模型、随机森林模型、AdaBoost、GBDT、XGBoost、BP 神经网络进行空气质量预测模型的搭建。为评估机器学习模型对于回归模型的预测效果，本书选择均方误差 MSE 以及拟合优度 R^2 作为评估指标。其中 MSE 越小、R^2 越大，模型效果越好。

（一）模型选择与介绍

1. 多元线性回归模型

多元线性回归模型是指通过多个自变量来预测一个或多个因变量的数学模型。它可以用来分析自变量和因变量之间的线性相关性，并确定它们之间的关系。在多元线性回归模型中，自变量可以是连续的数值型变量，也可以是分类变量。

多元线性回归模型的基本形式可以表示为：

$$Y = \beta_0 + \beta_1 X_1 + \beta_2 X_2 + \cdots + \beta_p X_p + \varepsilon \tag{4-1}$$

其中，Y 是因变量，$X_1, X_2, \cdots, X_p$ 是自变量，$\beta_0, \beta_1, \beta_2, \cdots, \beta_p$ 是模型的参数，ε 是误差。

（1）回归分析的基本概念及统计推断。

回归分析是一种统计学方法，旨在确定两个或多个变量之间的关系。其中，一个变量被称为因变量，另一个或多个变量被称为自变量。在回归分析中，根据数据分析结果建立回归模型，并可以据此进行预测和推断。对于回归分析中的一个基本问题——最小二乘法，其基本思想是通过最小化残差平方和来确定回归系数。其中，残差平方和是指假设模型预测值与实际值之间的偏差，而回归系数则是指回归方程中变量的加权系数。在进行回归分析时，需要进行统计推断，其中包括对回归系数进行显著性检验和置信区间估计。这些推断是通过假设检验方法来实现的，其中，t 检验是最常用的方法之一。通过 t 检验，可以判断回归系数是否显著不为零。

（2）多元线性回归模型的建立与参数估计。

在多元线性回归模型中，有多个自变量对于因变量具有影响。因此，在建立多元线性回归模型时，需要考虑多个自变量之间的相互影响。在多元线性回归模型中，回归方程的基本形式为：

$$Y = B_0 + B_1X_1 + B_2X_2 + \cdots + B_kX_k + \varepsilon \tag{4-2}$$

其中，Y 为因变量，X_1，X_2，…，X_k 为自变量，B_0，B_1，B_2，…，B_k 为回归系数，ε 为误差项。通过多元线性回归模型，可以得到各个自变量对因变量的影响程度，并据此进行预测和解释。

在进行多元线性回归模型的参数估计时，仍然是通过最小二乘法来确定回归系数。通过对残差平方和进行最小化，可以得到回归系数的估计值。然后，通过 t 检验来确定回归系数是否显著不为零。

（3）模型评价与诊断。

在建立多元线性回归模型后，需要对模型进行评价和诊断。其中，评价模型的方法主要包括 R^2 值、调整 R^2 值、F 统计量和均方误差等。这些评价指标旨在衡量模型的拟合程度和预测效果。除了评价模型的指标外，还需要对模型进行诊断，以确定模型是否符合假设条件。在诊断时，主要关注的是残差图和杠杆点。残差图是指预测值与实际值之间的误差分布图，而杠杆点则是指对于特定自变量的观测值，其对整个模型的影响较大。在进行模型诊断之后，可以进行模型修正以提高其准确性和预测能力。其中，模型修正的方法包括删除异常值、增加变量、转换变量等。

多元线性回归模型是现代统计学中最常使用的一种模型。通过建立多元线性回归模型，可以很好地解决许多问题和预测许多难以观察的因变量。因此，掌握多元线性回归模型的基本理论和应用具有非常重要的意义。在实际应用中，还需要对模型进行评价和诊断，以确定模型的拟合程度和预测能力。最终，通过模型修正，可以提高模型的准确性和预测能力。

2. 随机森林模型

随机森林是一种集成学习模型，它由多个决策树构成，每个决策树独立地对样本进行分类或回归，并将它们的结果综合起来得出最终的预测结果。

（1）随机森林优点。

高准确性：相比于单一决策树模型，随机森林可以显著降低过拟合风险，提高预测准确性。鲁棒性：随机森林对于缺失数据和噪声数据的鲁棒性较强，可以提高模型的稳定性。可解释性：随机森林可以使用特征重要性分析来解释预测结果，帮助用户理解模型。计算效率：随机森林能够并行计算，降低了训练时间，并可以处理大规模数据集。处理高维特征：随机森林可以处理高维特征空间，避免因维度灾难而出现的过拟合现象。

（2）随机森林组成。

决策树：随机森林中的基本单元是决策树，由节点和边构成，每个节点都是一个特征的判断条件。决策树负责从样本数据中学习出一组规则，用来对新的样本进行判断和预测。

随机性：随机森林中对特征和样本进行随机选择，以增加模型的多样性，缓解过拟合问题。具体来说，随机森林中每个决策树使用不同的样本集和特征集来进行训练。

集成方法：随机森林使用投票法或平均法来将各个决策树的预测结果进行综合，得出最终的预测结果。

（3）基本原理。

决策树是一种用于分类和回归的树结构模型，其根节点代表整个数据集，而叶子节点代表最终的输出。在构建决策树时，我们选择一个属性作为分裂点，将数据集划分成几个子集。重复这个过程，直到每个子集中的数据都属于同一个类别或达到预定义的停止条件。这个过程被称为递归二分数据集。随机森林通过随机选择样本和特征来改进传统的决策树算法。为了减小模型预测的方差，随机森林在每个节点上随机选择一个属性，而不是在全部属性中选择最佳属性。这个过程被称为属性随机化。因此，随机森林可以获得更好的泛化能力。此外，随机森林还采用了投票和袋装技术，进一步提高了预测的精度。投票指的是在每个决策树上进行预测，并根据每个树的预测结果进行投票。袋装是指在每个决策树训练时，随机从数据集中选择子集进行训练。这样可以避免过拟合，并增加决策树的差异性。在实际应用中，随机森林的性能通常比单个决策树好很多。这是因为随机森林能够处理高维数据和数据集中的噪声，同时还能避免过度拟合。

3. 自适应提升模型

自适应提升模型（adaptive boosting model）是一种广泛应用于机器学习领域的集成方法。它通过集成多个弱分类器来生成一个更强大的分类器，从而提高预测准确率。自适应提升模型最初由弗洛恩德和舍珀（Freund and Schapire）于1995年提出，它的基本思想是通过迭代地训练一系列弱分类器，每次训练都会调整数据集的权重，使前一次分类错误的样本在下一次得到更多的关注，这样就可以在最终的分类器中强化错误分类样本的影响，从而提高准确率。自适应提升模型在处理非线性可分数据和高维数据时表现出色，同时也适用于多分类问题和回归问题。为了实现自适应提升模型，需要确定一些关键参数。其中最重要的是决策树的深度和弱分类器的数量。通常来说，增加弱分类器的数量可以提高模型的准确率，但同时也会增加训练时间和模型的复杂度。因此，在实际应用中需要权衡这些因素来确定最优的参数。除了常规的自适应提升模型外，还有一些变种，如增强自适应提升模型（gradient boosting model）和XGBoost模型等。这些模型在自适应提升模型的基础上添加了一些新的特性，如增加正则化项、使用简化树或梯度下降等，以提高模型的鲁棒性和泛化能力，同时也可以加快训练速度和降低过拟合的风险。

它通过提高数据集中错误预测样本的权重并重新加权数据集来优化模型的性能。在该算法中，每个样本在通过多个分类器进行预测后将被赋予最终权重，并按照权重重新采样以使每个样本在模型训练过程中的影响力相同。自适应提升算法的主要原理是通过迭代的方式构建一个强分类器，该分类器由多个弱分类器组成。在每个迭代过程中，模型会找到当前数据集中错误预测样本的权重，并重新采样数据集使得错误预测的样本具有更高的权重。接下来，它会使用这些具有更高权重的样本重新训练一个新的弱分类器，并将其添加到强分类器中。该过程将重复多次，直到模型的性能满足特定的停止条件为止。这个迭代过程的关键在于每个弱分类器的构建。在每个迭代中，算法会使用不同的特征或属性来构建弱分类器。具体而言，它将使用已经在之前迭代中进行分类的样本的残差来训练第二个分类器。这将使得当前迭代中分类错误的样本在下一个分类器中具有更高权重。自适应提升模型的构建过程可以分为以下步骤：

第一步，初始化数据集：将数据集均匀分布给每个样本，每个样本的权重都被赋予相等的权重。

第二步，训练弱分类器：根据已有的数据集训练第一个弱分类器，并计算其错误率。

第三步，更新数据集：根据第一个弱分类器的错误率，更新数据集中每个样本的权重。

第四步，训练下一个弱分类器：使用更新后的数据集训练第二个弱分类器，并将其加入强分类器。

重复步骤三到步骤四，直到达到预定的弱分类器数量或错误率下降到接受水平。

第五步，整合弱分类器：将所有的弱分类器组成一个强分类器。

自适应提升模型具有很多优点：准确性高：通过对错误预测的样本进行重新加权，该模型在分类问题上具有较高的准确性。不容易过度拟合：通过多个弱分类器的组合，自适应提升可以减少过度拟合的风险，从而提高模型的泛化能力。

4. 梯度提升决策树模型（gradient boost decision tree，GBDT）

梯度提升决策树模型是一种用于解决回归和分类问题的强大机器学习算法。该模型是在单棵决策树之后，将多个决策树进行集成学习的方法，通过不断优化弱分类器的预测结果，最终得到一个强大的分类器。与其他集成学习方法不同，GBDT 是一种迭代模型，每个迭代步骤都会训练一个新的决策树，以纠正前一步骤中的预测误差。这种迭代方式，使模型能够根据训练数据进行进一步学习，提升模型的精度。GBDT 的核心是梯度提升算法（gradient boosting），该算法通过计算损失函数的负梯度来为每一个新的弱分类器提供方向，使它们能够更好地拟合训练数据。在每一步迭代中，新的决策树被训练以最小化上一步骤中损失函数值与预测结果之间的差异。这种迭代方式，在训练集上不断地优化模型的预测结果，最终得到高精度的分类器。GBDT 模型具有很好的可解释性和鲁棒性，能够直观地展示决策树的规则和分支条件。同时，通过自适应控制每个分类器的权重，GBDT 能够在处理高维、大规模数据时避免过度拟合，提高模型的泛化能力。

决策树是一种基于树形结构的分类算法，它的每个节点表示对某个属性的测试，每个分支代表测试的结果，最终的叶子节点代表一个类别。决策树的分类过程是从根节点开始，根据测试结果按照分支方向逐步向下走，直到达到叶子节点。决策树算法的基本思想是不停地对数据进行划分，直到满足某一种条件为止，如分类精度达到某一阈值或者树的深度达到一定值等。决策树算法有多种，如 ID3、C4. 5、CART 等。其中，ID3 算法是最早的决策树学习算法，适用于按照信息增益准则选择属性进行划分的情况。C4. 5 算法是 ID3 的改进版，它考虑了每个属性对分类的贡献度，采用信息增益比来选择属性进行划分。CART 算法是一种二叉决策树学习算法，它以基尼指数作为属性选择的标准，适用于连续属性和分类属性的混合情况。

梯度提升是一种基于函数拟合的监督学习算法，它的目标是通过不断地将基本模型拟合到残差上，得到一个更强大的模型。梯度提升的思路是将某个目标函数分解成多个部分，每次对其中一个部分进行优化，最终得到一个近似的解。梯度提升的原理是基于梯度下降的思想，通过迭代求解目标函数的局部极小值。在每次迭代中，梯度提升算法根据当前模型的输出和真实标签之间的残差来更新模型，得到一个新的模型。随着迭代次数的增加，模型的准确性也会逐渐提高。

梯度提升决策树是一种基于梯度提升和决策树的算法，它的目标是通过不断迭代来优化决策树模型，使其在训练集和测试集上的表现更优。梯度提升决策树在每次迭代中，基于当前模型的输出和真实标签之间的残差来构建一棵新的决策树。当构建一棵新的决策树时，梯度提升决策树会对数据进行随机抽样和属性的随机选择，以防止过拟合。此外，梯度提升决策树也可以设置一些超参数，如树的最大深度、每棵树的叶子节点数等，以控制模型的复杂度。

梯度提升算法如下：

输入：训练数据集 $T=\{(x_1,y_1),(x_2,y_2),\cdots,(x_N,y_N)\}$，$x_i\in x\in R_n$，$x$ 为输入空间，$y_i\in y\in R$，损失函数 $L(Y,f(x))$；

输出：回归树 $f\hat{}(x)$。

（1）初始化

$$f_0(x)=\operatorname{argmin}\sum_{i=1}^{N}L(y_i,c)$$

（2）（a）对 $m=1,2,\cdots,M$，对 $i=1,2,\cdots,N$，计算 $r_{mi}=-\left[\frac{\partial L(y_i,f(x_i))}{\partial f(x_i)}\right]_{f(x)=f_{m-1}(x)}$

（b）对 r_{mi} 拟合一棵回归树，得到第 m 棵树的叶结点区域 $R_{mj},j=1,2,\cdots,J$

（c）对 $j=1,2,\cdots,J$，

计算 $c_{mj}=\operatorname{argmin}\sum_{x_i\in R_{mj}}L(y_i,f_{m-1}(x_i)+c)$

（d）更新 $f_m(x)=f_{m-1}(x)+\sum_{j=1}^{J}c_{mj}I(x\in R_{mj})$

（3）得到回归树 $f\hat{}(x)=f_M(x)=\sum_{m=1}^{M}\sum_{j=1}^{J}c_{mj}I(x\in R_{mj})$

在实际应用中，GBDT 模型在许多领域都取得了较好的效果，如广告点击率预测、金融风控、工业质量检测等。它不仅在精度上有优势，而且在模型训练和预测效率上也比其他算法更快、更高效。

5. 极端梯度提升模型（extreme gradient boosting，XGBoost）

极端梯度提升模型是一种梯度提升树算法，它是一种集成学习方法，通过将多个弱学习器进行集成来构建一个更强大的预测模型。它在 Gradient Boosting 框架下实现机器学习算法。XGBoost 提供并行树提升，可以快速准确地解决许多数据科学问题。相同的代码在主要的分布式环境上运行，并且可以解决数十亿个示例之外的问题。XGBoost 结合了梯度提升框架和决策树模型，通过迭代地训练一系列的决策树来逐步改进预测性能。它的目标是优化损失函数，使预测值与实际值之间的误差最小化。

XGBoost 模型逐步拟合目标函数残差实现弱分类器的集成。XGBoost 是分类回归树：

$$obj = \sum_{i=1}^{n} l(y_i, \hat{y}_i^{(t)}) + \sum_{i=1}^{t} \Omega(f_i)$$

其中，n 是样本数目，y_i 是第 i 个样本的真实标签，$y_i^{(t)}$ 是强分类器预测的第 i 个样本的预测标签，$l(y_i, y_i^{(t)})$根据任务确定的损失函数，t 是弱分类器的数目，Ω 是度量弱分类器复杂度的函数，在 CART 决策树中一般会采用二叉树的深度或宽度来定义。

叶子节点分组：$\sum_{j=1}^{T}[(\sum_{i \in I_i} g_i) w_j + \frac{1}{2}(H_j + \lambda) w_j^2] + \gamma T$

最优点：$w_j^* = -\frac{G_j}{H_j + \lambda}, obj = -\frac{1}{2}\sum_{j=1}^{T}\frac{G_j^2}{H_j + \lambda} + \gamma T$

（1）XGBoost 的优点。

第一，精度高。XGBoost 对损失函数进行了二阶泰勒展开，一方面为了增加精度，另一方面也为了能够自定义损失函数，二阶泰勒展开可以近似许多损失函数。

第二，灵活性强。XGBoost 不仅支持 CART，还支持线性分类器。

第三，防止过拟合。XGBoost 在目标函数中加入了正则项，用于惩罚过大的模型复杂度，有助于降低模型方差，防止过拟合。另外，在建立决策树的时候，不用再遍历所有的特征了，可以进行抽样。一方面简化了计算，另一方面也有助于降低过拟合。

（2）XGBoost 的算法原理。

XGBoost 的目标是最小化一个定义在预测值和实际值之间的损失函数。使用回归树作为基础模型，每个回归树由一系列决策节点和叶节点组成。初始时，使用一个简单的基础模型作为起点，在每轮迭代中，通过计算当前模型的预测值与实际值之间的残差来进行训练。为了优化损失函数，使用泰勒展开来近似损失函数。将损失函数进行二阶泰勒展开后，可以得到一个简化的目标函数，根据目标函数的一阶导数和二阶导数，计算每个样本在当前模型下的梯度和二阶梯度。然后，通过拟合一个新的回归树来近似梯度和二阶梯度，使得模型能够更好地预测这些样本的残差。使用一定的步长将新构建的回归树与当前模型进行加权组合。这样，每轮迭代都会得到一个更新的模型，它在之前模型的基础上进一步提高了预测能力。同时，为了控制模型的复杂度和防止过拟合，XGBoost 引入了正则化项。正则化项包括树的复杂度和叶节点权重的惩罚项，可以限制树的深度和叶节点的权重。通过多轮迭代，不断优化模型的预测能力，直到达到停止条件。对于回归问题，预测值为多个回归树的加权求和；对于分类问题，预测值可以通过使用 softmax 函数将多个回归树的输出转化为概率。

总之，XGBoost 通过迭代训练多个回归树，以梯度下降的方式优化损失函数，通过加权组合多个回归树的预测结果来得到最终的预测值。它通过特定的损失函数近似和正则化技术，提供了一种高效而强大的机器学习算法，适用于回归问题和分类问题。

6. 多层前馈神经网络（BP 神经网络）

在神经网络不断更新演变中，BP 神经网络的概念是在 1986 年提出的，它是按照误差逆向传播算法训练的神经网络，是应用最广泛的神经网络模型之一。

（1）发展背景。在不同的神经网络模型中，第一代神经网络称为感知器：心理学家麦卡洛克（McCulloch）和数理逻辑学家皮茨（Pitts）为单个神经元建立了第一个数学模型——MP 模型，它是单层感知机模型，这里的感知机可以被视为一种最简单形式的前馈式人工神经网络，是一种二元线性分类器，结构较为简单，只有输入层和输出层两层，不能够解决一些复杂的函数。但是，随着研究工作的深入，感知器存在一定的缺点，例如无法处理非线性问题。为了增强网络的分类和识别能力、解决非线性问题后来的学者采用多层前馈网络，即在输入层和输出层之间加上隐含层。构成多层前馈感知器网络。

20 世纪 80 年代中期，大卫·如尼哈特（David Runelhart）、杰弗里·辛顿（Geoffrey Hinton）、罗纳德·威廉（Ronald Willians）、大卫·帕克（David Parker）等首次在《并行分布式处理》一书中提及误差反向传播神经网络（back-propagation neural network），系统解决了多层神经网络隐含层连接权学习问题，并且提供了完整的数学推导。并将采用这种算法进行误差校正的多层前馈网络称为 BP 网。

(2) 基本原理。BP 神经网络是一种按误差反向传播训练的多层前馈网络，其算法称为 BP 算法，它的基本思想是梯度下降法，使神经网络实际输出值与期望输出值的误差、均方差都为最小。

基本 BP 算法包括两部分，即信号的前向传播和误差的反向传播两个过程。第一部分，输入信号由输入层进入，经过隐含层，最终作用于输出层，产生输出结果。第二部分，若实际输出的结果与期望结果不相同，则进行误差反向传播的阶段，它是将输出的误差由输出层回退至隐含层，隐含层向输入层逐层反传，将误差分散至各层中所有单元，并从各层所回收的信号来调整各个单元权值，最终达到使得误差沿着梯度下降。这个过程在实际运行中往往要进行多次运行循环，才能达到最终的实现误差最小，期望值接近实际值的目的。

(3) 自身结构。BP 神经网络模型结构是在输出层和输入层之间添加一层及以上的中间层神经元，这些神经元被叫作隐单元，其状态改变影响着输入和输出的关系，各层之间的神经元存在相互连接的关系，但各层次内的神经元之间则没有任何连接。目前较为典型的 BP 神经网络是三层，如图 4.4 所示。

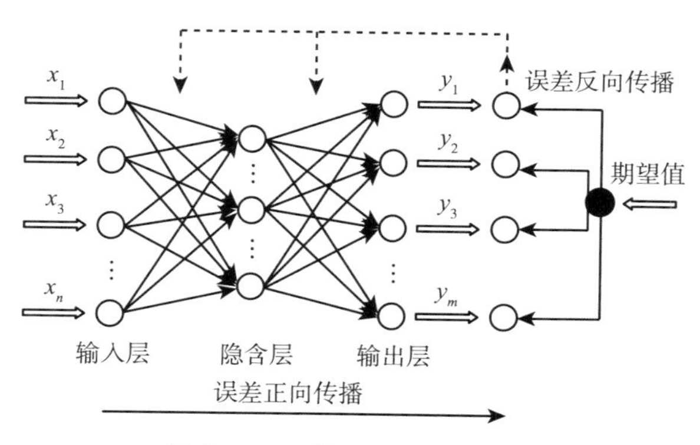

图 4.4 BP 神经网络模型结构

(4) 神经网络基本算法。神经网络算法在很多领域都有广泛应用，例如图像识别、自然语言处理、语音识别、推荐系统等。

神经网络算法是指通过多层神经元之间的连接与信息传递，从输入数据中学习并推测出输出结果。神经网络算法通常包含三个关键步骤：首先在输入层、隐藏层和输出层算法将输入的数据在输入层转换为神经元可以理解的形式；其次在隐藏层算法通过连接和调整每个神经元的权重来推断数据之间的关系；最后在输出层算法将推断的结果呈现出来。

以下介绍 BP 神经网络的相关算法，首先定义 BP 神经网络各层的结构，输入层有 n 个神经元，隐含层有 p 个神经元，输出层有 q 个神经元，将各层的变量设定如下：

输入层的变量为：$x=(x_1,x_2,\cdots,x_n)$；

隐含层输入的向量为：$hi=(hi_1,hi_2,\cdots,hi_p)$；

输出的向量为：$ho=(ho_1,ho_2,\cdots,ho_p)$；

输出层输入的向量为：$yi=(yi_1,yi_2,\cdots,yi_q)$；

输出的向量为：$yo=(yo_1,yo_2,\cdots,yo_q)$；

期望输出的向量为：$d_0=(d_1,d_2,\cdots,d_q)$。

神经网络算法主要分为前馈神经网络、循环神经网络、对称连接网络三大类。前馈神经网络是一种常见的神经网络模型，它由一个输入层、一个或多个隐藏层和一个输出层组成。在前馈神经网络中，输入数据从输入层进入，经过多个隐藏层的处理后，最终由输出层输出结果。每个隐藏层都由一个或多个神经元组成，每个神经元接收来自前一层多个神经元的输入，并将其输出传递到下一层。前馈神经网络的学习方式是通过反向传播算法来调整权重和偏置。反向传播算法会计算输出层误差，并将该误差反向传播到每个隐藏层，根据每个隐藏层的误差来调整权重和偏置。在训练完成后，前馈神经网络可以通过输入新的数据来预测结果。

循环神经网络是一种用于处理序列数据的神经网络类型。在循环神经网络中，每个隐藏层不仅接收来自前一层的输入，还接收来自上一时刻隐藏层的输出。这意味着循环神经网络可以记忆先前的信息并将其应用于当前时刻的输出计算中。循环神经网络最常见的形式是长短期记忆（LSTM）网络和门控循环单元（GRU）网络。它们都采用了循环连接的形式，但具体的结构和计算方式有所不同。LSTM 和 GRU 都通过引入“门”结构来控制信息的流动，从而解决了循环神经网络中梯度消失的问题。

对称连接网络是一种特殊类型的神经网络，它与循环神经网络相似，但每个神经元之间的连接是对称的，即它们在两个方向上权重相同。对称连接网络通常用于处理序列数据，它与循环神经网络的主要区别在于权重的更新方式。

在循环神经网络中，每个时刻的权重都是独立的，而对称连接网络的权重会在所有时刻之间共享。这意味着对称连接网络可以更好地捕捉序列数据中的长期依赖关系，但需要更少的参数。

二、多方法空气质量预测模型效果评价

为了比较多种模型的预测效果，随机抽取 80% 的样本数据作为训练数据，其余 20% 的数据用于模型的测试。多元线性回归模型、随机森林模型、自适应模型、梯度提升模型、极限梯度提升模型、BP 神经网络模型的预测结果及评估效果如表 4.7 所示。由于 BP 神经网络对于数据敏感，在 BP 神经网络模型构建中对所有数据进行标准化。

表 4.7 六种方法的预测结果及效果

实际值	多元线性回归模型	随机森林模型	AdaBoost 模型	GBDT 模型	XGBoost 模型	BP 神经网络模型	
	预测值					实际值	预测值
253	145.67	228.5	212.99	145.67	210.19	0.35	0.24
152	173.77	201.46	199.6	173.77	178.42	-1.39	-2.01
233	196.22	216	209.25	196.22	194.93	0	-0.83
245	228.07	263.2	255	228.07	178.26	0.21	-0.49
258	220.59	191.91	190.83	220.59	200.58	0.44	0.04
339	274.61	295.9	332.57	274.61	330.28	1.84	1.12
207	271.28	212.3	225.6	271.28	214.11	-0.44	0.2
263	277.27	219	227.33	277.27	234.27	0.52	0.32
183	175.27	191.56	197.6	175.27	183.64	-0.86	-0.82

续表

实际值	多元线性回归模型	随机森林模型	AdaBoost模型	GBDT模型	XGBoost模型	BP神经网络模型	
	预测值					实际值	预测值
240	244.58	254.81	261.05	244.58	263.07	0.13	0.23
140	219.33	162.55	143.7	219.33	138.8	-1.61	-1.69
202	267.46	212	205.08	267.46	205.17	-0.53	0.03
226	228.86	230	207.41	228.86	199.24	-0.12	0.19
249	250.21	235.20	213.60	250.21	203.74	0.28	-0.26
201.23	232.73	218.50	220.57	232.73	222.26	-0.54	-0.9
MSE	2350.62	885.37	889.15	2350.62	1093.05	0.24	
R^2	0.31	0.60	0.60	0.58	0.51	0.64	

资料来源：根据2010~2021年《中国统计年鉴》、2010~2021年《中国环境统计年鉴》和中国经济信息网（www.cei.cn）数据计算得到。

如表4.7所示，多元线性回归模型的拟合优度 R^2 为0.31，均方误差MSE为2350.62；随机森林模型的拟合优度 R^2 为0.60，均方误差MSE为885.37；AdaBoost模型的拟合优度 R^2 为0.60，均方误差MSE为889.15；GBDT模型的拟合优度 R^2 为0.58，均方误差MSE为2350.62；BP神经网络模型的拟合优度 R^2 为0.64，均方误差MSE为0.24。

总体而言，机器学习方法在空气质量预测问题上的预测效果要比多元现象回归模型更好；5种机器学习方法的预测效果均高于0.5；随机森林模型、AdaBoost模型、BP神经网络模型预测效果较好，三种模型的均方误差均低于1000，随机森林与AdaBoost模型的拟合优度均达到0.6，BP神经网络的拟合优度高达0.64. 总体而言，本书选择的机器学习方法对空气质量的预测具有可行性，能够取得理想的效果。

三、空气质量预测模型参数调优与模型优化

在多方法预测效果评估的基础上，采用网格搜索法对随机森林模型、

AdaBoost 模型、BP 神经网络进一步进行参数优化，并选择 5 折交叉法进行验证。

在随机森林模型中弱学习器的个数候选参数为 5、10、100、200，子节点的最小样本数候选参数为 1、2、3、4，弱学习器的最大深度候选参数为 2、3、4、5。参数调优结果显示最优参数为弱学习器的个数为 100、子节点最小样本数为 1，最大深度为 4。

在自适应提升模型中弱学习器的最大迭代次数候选参数为 5、20、30、40、50、100、200，弱学习器的权重缩减系数候选参数为 0.1、0.2、0.3、0.4、0.5、0.6、0.7、0.8、0.9。参数调优结果显示，最优参数为弱学习器的最大迭代次数为 20，学习权重缩减系数为 0.5。

在 BP 神经网络中选择构建 1 个隐藏层（即 3BP 层神经网络），隐藏层节点个数的候选参数为 5、10、20、30、40、50，正则化参数的候选参数为 0.0001、0.0002、0.0003、0.0004、0.0005。在最大迭代次数为 2000 的条件下，完成迭代，参数调优结果显示，隐藏层节点最优个数为 10，正则化最优参数为 0.0001。

由此得到随机森林模型与自适应提升模型的最优模型的预测效果如表 4.8 所示。

表 4.8　　最优模型的预测效果

预测效果	随机森林模型	AdaBoost 模型	BP 神经网络
MSE	381.96	1036.76	0.17
R^2	0.83	0.53	0.75

资料来源：根据 2010 ~ 2021 年《中国统计年鉴》、2010 ~ 2021 年《中国环境统计年鉴》和中国经济信息网（www.cei.cn）数据计算得到。

由表 4.8 可知在三种模型中，预测效果最好的是随机森林模型均方误差为 381.96，拟合优度为 0.83；BP 神经网络预测效果较好，均方误差为 0.17，拟合优度为 0.75；AdaBoost 模型预测效果一般均方误差为 1036.76，拟合优度为 0.53，效果低于调参前，表明在训练过程中出现了过拟合的现象。图 4.5 显示了 2021 年六省（市）空气质量达到二级及以上天数的预测值与实际值。

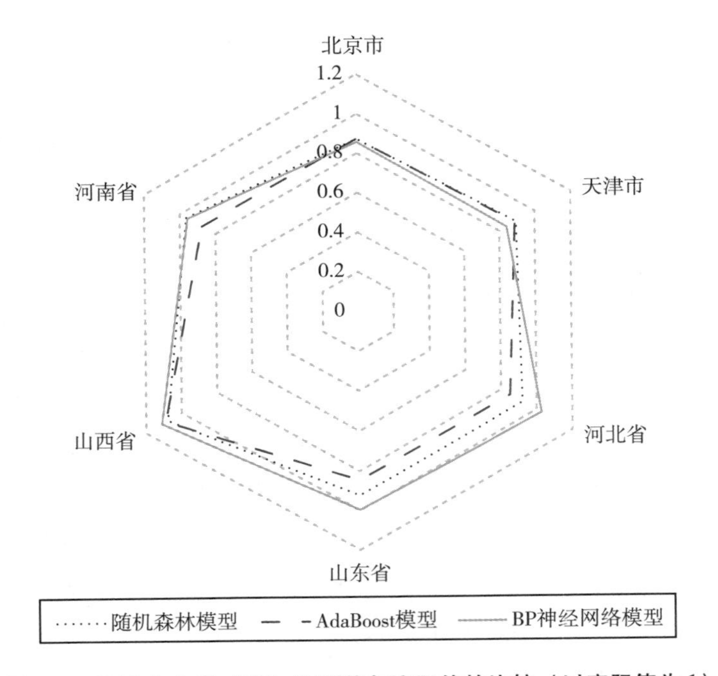

图 4.5　2021 年六省（市）预测值与实际值的比较（以实际值为 1）

资料来源：根据2021 年《中国统计年鉴》、2021 年《中国环境统计年鉴》和中国经济信息网（www. cei. cn）数据计算得到。

不同模型所得到的效果不同，考虑到随机森林模型的评估效果最优，因此，本书选取调优后的随机森林模型进行解释和说明。

第五节　研究结果和结论

根据调优后的随机森林模型进行分析，得到各个因素对于空气质量情况影响的重要性，并依据总体、京津冀核心区域、其他省份非核心区域分类进行逐一分析。

一、空气质量特征重要性分析

政府对于污染治理的重视程度对空气质量的改善影响最大。如图 4.6

所示，废气治理投资的特征变量的重要性为26.02%。政府对于污染治理的重视程度最直接的表现就是用于污染治理的投入，通过有组织有计划修建垃圾处理设施、改善人居环境、管理排污企业、及时化解重大污染风险等手段，能够有效地改善当地空气污染状况。

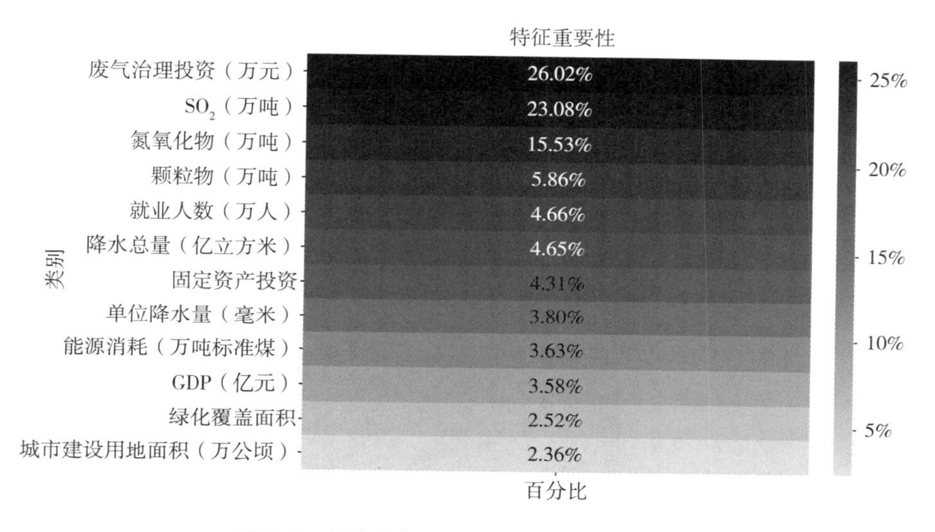

图4.6 总体空气质量影响因素特征重要性

资料来源：根据2010~2021年《中国统计年鉴》、2010~2021年《中国环境统计年鉴》和中国经济信息网（www.cei.cn）数据计算得到。

降低排污对于空气质量改善具有较大影响。SO_2、氮氧化物、颗粒物等的综合重要性为44.47%。其中SO_2的重要性为23.08%仅次于排污治理费用，氮氧化物重要性为15.53%，颗粒物的重要性为5.86%。从总体上来看，无论是企业生产带来的空气污染物排放还是居民生产生活带来的空气污染物的排放均对空气质量有较大影响。SO_2的排放与氮氧化物的排放对于空气质量影响最大，颗粒物影响程度反而较低，因此在空气污染的治理过程中应当重视对于SO_2以及氮氧化物排放的控制，执行更加严苛的生产标准。

社会经济发展对于环境改善有作用但是影响较小。就业人数、固定资产投资、GDP、城市建设用地等综合重要性为18.54%，其中每个因素的重要性均低于5%，这表明从当前数据上来看社会经济发展的差异对于空气质量具有一定的影响，但是影响不大，这可能与未考虑当地人口规模以及土地面积有一定关系。

当地的气候条件对于空气质量同样具有一定的影响。降水总量、单位降水量、绿化覆盖面积等综合重要性为10.97%。其中降水总量对于空气质量影响较大，这表明充分的降水对于当地的空气环境的改善、污染物的稀释等具有较大作用。尽管绿化面积对于空气质量影响较低，但是充足的绿化面积对于城市的自然环境具有较大的影响，能够间接改善空气质量。

如图4.7所示，核心地区空气质量影响因素较大的为废气治理投资、SO_2，其影响因素均在15%以上，氮氧化物、颗粒物、就业人数、降水总量、固定资产对空气质量的影响程度在5%~10%，也具有一定影响。

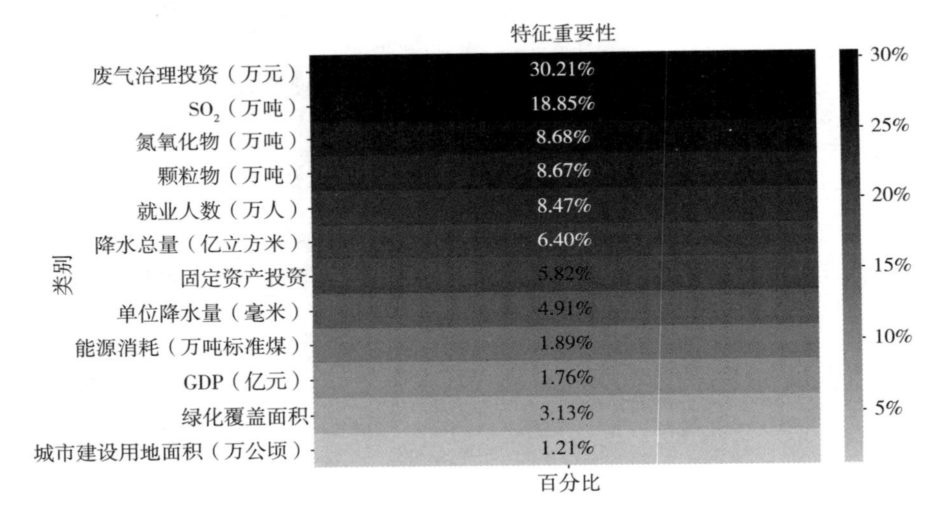

图4.7　核心区空气质量影响因素特征重要性

资料来源：根据2010~2021年《中国统计年鉴》、2010~2021年《中国环境统计年鉴》和中国经济信息网（www. cei. cn）数据计算得到。

京津冀核心经济区对于污染治理的重视程度对空气质量的改善影响最大。废气治理投资的特征变量的重要性为30.21%。废气治理投资包含广泛的门类，涵盖了工业废气治理、汽车尾气、建筑施工废气治理、生活垃圾焚烧废气治理等，废气治理行业得到了迅猛发展。政府部门加大了对废气治理项目的投资力度，鼓励企业进行技术创新和设备升级。出台了一系列激励政策，加强了对企业废气治理设施的检查和监测工作，确保其正常运行和合规排放。同时，政府还加强了对废气治理行业的法律法规建设，完善了相关标准和规范体系。

加强对有害气体排放控制对于空气质量改善具有较大影响。SO_2、氮氧化物、颗粒物等的综合重要性为36.2%。其中SO_2的重要性为18.85%仅次于排污治理费用，氮氧化物的重要性为8.68%，颗粒物的重要性为8.67%。可以看出SO_2的重要性占比也相对较高，而氮氧化物、颗粒物在京津冀核心经济区域的相差并不大。一是生活污染，燃烧煤炭等用来饮食或取暖时燃料向大气排放的有害气体；二是工业污染，包括火力发电、钢铁和有色金属冶炼；三是交通污染，包括汽车、飞机、火车、船舶等交通工具排放的气体，这些情况都会产生一定的SO_2等有害气体，因此加快清洁能源的使用，加大对火力发电厂污染气体净化再排放措施的推进。

单位降水量、能源消耗、GDP、城市绿地面积、城市建设用地面积等影响因素对于空气质量综合影响为12.9%，但单个因素的影响较为微弱，均在5%以下。其中单位降水量和绿地覆盖面积影响相对较大，达到了4.91%、3.13%。降水和绿地覆盖面积分别通过自然下雨吸附空气中的颗粒物和绿色植物净化空气的自然方式，使空气质量达到改善。

非核心地区空气质量影响因素较大的为废气治理投资、SO_2、氮氧化物，其影响因素均在15%以上，氮氧化物、颗粒物、就业人数、降水总量、固定资产对空气质量的影响程度在5%~10%，也具有一定影响；单位降水量、能源消耗、GDP、绿色覆盖面积、城市建设用地面积影响程度处于0~5%。

非核心区对于废气治理投资的关注对空气质量的改善依旧影响最大。废气治理投资的特征变量的重要性为21.92%。SO_2、氮氧化物、颗粒物等的综合重要性为47.4%。其中SO_2的重要性为20.25%仅次于排污治理费用，氮氧化物的重要性为18.49%，颗粒物的重要性为8.66%。可以看出氮氧化物和颗粒物在非核心区域的相差较大。单位降水量、能源消耗、GDP、城市绿地面积、城市建设用地面积等影响因素对于空气质量的综合影响为16.35%。

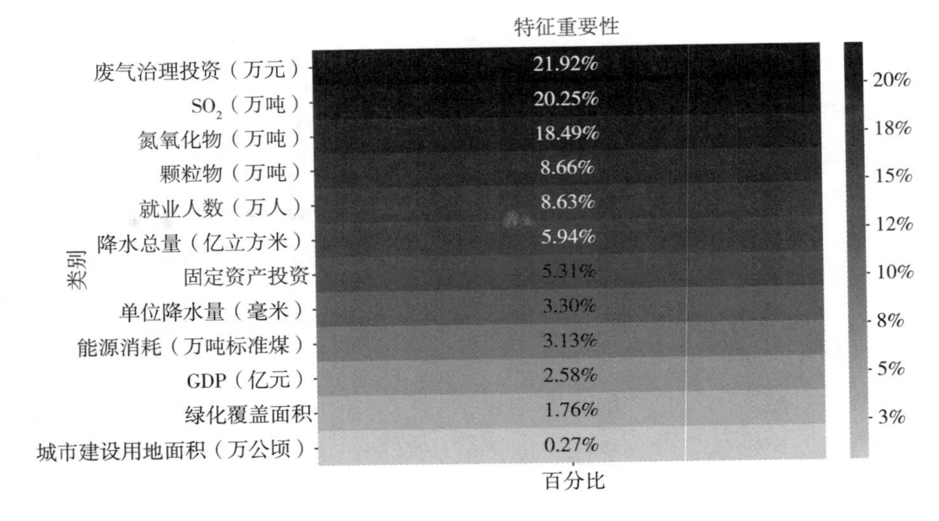

图 4.8　非核心区空气质量影响因素特征重要性

资料来源：根据 2010 ~ 2021 年《中国统计年鉴》、2010 ~ 2021 年《中国环境统计年鉴》和中国经济信息网（www. cei. cn）数据计算得到。

综上所述，从总体上，京津冀核心经济区和周边非核心区域三个层面分析，虽然各个区域内特征重要性数值大小不同。例如废气治理投资对于总体特征重要性为 26. 02%，在核心区域为 30. 21%，在非核心区域为 21. 92%，但影响因素特征重要性排名基本相似，满足政府废气污染治理投资优于有害气体排放治理，优于降水总量和单位降水量，优于能源消耗和 GDP，优于城市绿化面积和城市建设面积。

二、SHAP 值分析

引入 SHAP 进行特征分析。图 4. 9 显示了选定的 12 个特征对空气质量情况影响程度排序，由上到下重要度依次减小。横坐标为各特征的 SHAP 值，SHAP 越大表示对样本预测值的贡献越大。结果表明，废气治理投资对空气质量情况影响最大，加大污染治理的投入，能够有效地改善当地空气污染状况；SO_2、氮氧化物、颗粒物三类空气污染物对空气质量情况影响程度分别排第二、第三和第四，SO_2 的排放与氮氧化物的排放对于空气质量影响最大，颗粒物影响程度较低；固定资产投资、城市建设用地面积、绿化覆盖面积、单位降水量对空气质量有影响但是影响较小，其中固定资产投资、绿化覆盖面积、单位降水量的本身数值较小。GDP、能源消耗、降水总量、就业人数对空气质量情况影响较小，SHAP 值较小。这四个影响因素中，降水总量 SHAP 值相对大，表明足够的降水对空气环境的改善具有重要作用，其余特征的 SHAP 值均小于 5，对空气质量情况影响不显著。

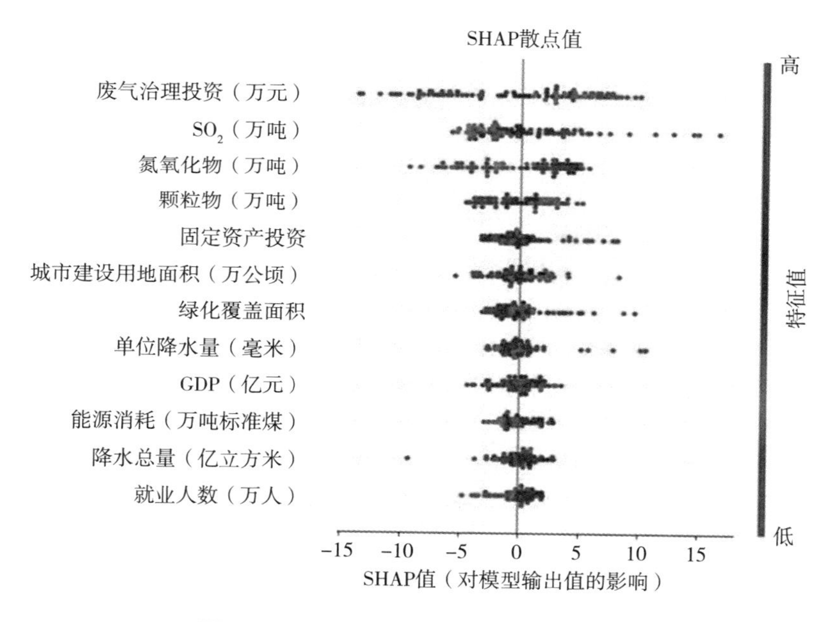

图 4.9 空气质量影响因素 SHAP 值分析

第六节 本章小结

当前，京津冀及周边地区大气污染形势严峻，以可吸入颗粒物（PM10）、细颗粒物（PM2.5）为特征污染物的区域性大气环境问题日益突出。为分析各因素对于空气质量情况影响的重要性，本章选取了 2010 ~ 2021 年北京市、天津市、河北省、河南省、山东省、陕西省共六个省

（市）的空气污染、空气质量、社会经济发展相关数据指标，通过构建调优后的随机森林模型，分析京津冀及周边地区大气污染现状及影响因素，通过分析得到：

（1）政府对于污染治理的重视程度对空气质量的改善影响最大。废气治理投资主要包括改善工业、交通和能源等领域的排放控制设备、技术和管理措施。通过对烟气和尾气进行净化和处理，可以有效地去除 SO_2 和氮氧化物等有害物质，减少它们对大气的污染。投资废气治理不仅可以降低空气污染物的浓度、改善空气质量，还可以减少颗粒物的排放、改善大气透明度，提高城市的环境质量和居民的生活质量。同时，它也能提高企业的环保形象和竞争力，推动可持续发展和绿色经济的实现。

（2）降低排污对于空气质量改善具有较大影响。氮氧化物在燃烧过程中产生，主要源于交通运输、工业生产和燃煤等活动。高浓度的氮氧化物不仅对人体健康有害，还会形成 O_3 和细颗粒物等污染物，进一步损害空气质量。因此在空气污染的治理过程中应当重视对于 SO_2 以及氮氧化物排放的控制，执行更加严苛的生产标准。

（3）社会经济发展和当地的气候条件对于空气质量同样具有一定的影响。经济社会发展可以提供更多的资源和技术支持，推动环境保护产业的发展，提高居民的生活水平和环境意识，进而促进环境保护和空气质量改善的工作。充足的绿化面积有助于维护生态系统的平衡，保护植物、水源和土壤的健康，能够间接改善空气质量。

第五章 京津冀及周边地区大气污染治理效率及影响因素

05

京津冀地区作为中国发展最为集中和人口密度最高的区域之一，其大气污染物浓度较高，空气质量仍有很大改善空间。本章通过构建两阶段网络的DEA模型和Tobit回归模型，来科学有效地测算和评估京津冀及周边地区的大气污染治理效率，并对影响大气污染治理效率的影响因素进行识别和分析。以进一步提升京津冀及周边地区的大气治理效率，深化京津冀及周边地区大气污染防治协作机制。

第一节 京津冀及周边地区大气污染治理效率

一、指标选取

大气污染的治理从过程上划分为两个部分：污染和治理，因此本书构建两阶段网络的DEA模型，第一阶段是大气污染物的产生阶段，第二阶段是大气污染物的治理阶段。采用DEA模型进行大气污染治理效率的测算，投入产出要素的确定是一个重要的问题，本书从大气污染的概念和来源，以及大气污染治理的概念着手，并结合前人的研究成果，构建投入产出指标体系。

1. 大气污染物

大气污染物主要包括气溶胶状态污染物和气体状态污染物，源自人类生活、工业、农业活动、交通运输和开垦烧荒、其他（开垦烧荒、燃放鞭炮爆竹等）人类活动和自然过程。

2. 大气污染治理

主要涉及环境规划管理、能源利用、污染防治等许多方面，通过一系列综合防治措施实现《环境空气质量标准》中规定的二类区（居住区、商业交通居民混合区、文化区、工业区和农村地区）环境空气质量标准达到二级。在《方案》中，大气污染综合治理的主要目标是PM2. 5和重污染天数下降。

基于上述概念，并参考郭际等（2020）和汪克亮等（2019）的指标体系，本书DEA的第一阶段即经济发展子系统，选择资本、劳动力和能源为三个重要的投入要素，产出要素包括期望产出GDP和非期望产出SO_2、氮氧化物和颗粒物。基于上述概念，并参考在第二阶段的大气污染的治理阶段，投入要素包括第一阶段的非期望产出物和大气污染治理投入，并选取了绿化面积和降水量作为环境约束条件，产出要素中期望产出是空气质量达到二级标准的天数，非期望产出是空气中PM2. 5的排放量。两阶段的投入产出要素如表5. 1和图5. 1所示。

表5. 1　　投入产出要素

阶段	指标类别	指标	计量单位
第一阶段	投入指标	能源消耗	万吨标准煤
		劳动力（就业人数）	万人
		资本（固定资产投资）	万元
	期望产出指标	GDP（国内生产总值）	万元
	非期望产出指标	SO_2 年平均浓度	微克/立方米
		氮氧化物年平均浓度	微克/立方米
		CO_2 排放量	万吨
		颗粒物年平均浓度	微克/立方米

续表

阶段	指标类别	指标	计量单位
第二阶段	投入指标	废气治理投资	万元
		SO_2 年平均浓度	微克/立方米
		氮氧化物年平均浓度	微克/立方米
		颗粒物年平均浓度	微克/立方米
		绿化覆盖面积	公顷
		降水量	毫米
	期望产出指标	空气质量达到及好于二级天数	天
	非期望产出指标	PM2.5 年平均浓度	微克/立方米

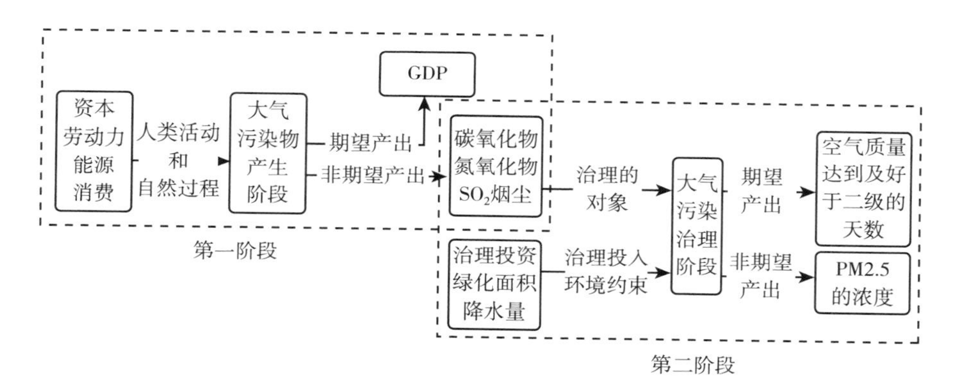

图 5.1 大气污染治理两阶段投入产出

资料来源：笔者绘制。

二、数据来源

本章选取 2006 ~ 2020 年京津冀“2 + 26”城市的面板数据，数据主要来源于 2006 ~ 2020 年《中国统计年鉴》、2006 ~ 2020 年《中国环境统计年鉴》、2006 ~ 2020 年《中国城市统计年鉴》、中国经济信息网、EPS 数据库和部分城市的《生态环境公报》，其中少量的缺失值采用线性回归拟合补全。GDP、固定资产投资和废气治理投入分别用国内生产总值指数、固定资产投资价格指数和居民消费价格指数进行平减，以消除通货膨胀的影响。

三、模型选择

径向 DEA 模型中，对无效率程度的测量只包含了所有投入（产出）等比例缩减（增加）的比例，而松弛改进的部分在效率值的测量中并未得到体现，托恩（ToneKaoru，2001）提出了 SBM 模型，从而解决了松弛变量的问题。在 DEA 模型的分析结果中，通常会出现多个 DMU 被评价为有效的情况，本书中两个阶段投入产出指标分别为 3 个、5 个和 8 个、2 个，决策单元（DMU）达到了 28 个，有效 DMU 数量也会较多。传统 DEA 模型得出的效率值最大为 1，因此部分城市（有效 DMU）的效率值相同，无法进一步区分高低。为了解决这一问题，安德森 · P. 和彼得森 · N. C.（Andersen P and Petersen NC，1993）提出了对有效 DMU 进一步区分其有效程度的方法，这一方法后来被称为“超效率”模型，其核心就是将被评价 DMU 从参考集中剔除，被评价 DMU 的效率是参考其他 DMU 构成的前沿得出的，有效 DMU 的超效率值一般会大于 1，从而可以对有效 DMU 进行区分。同时，本书在两个阶段中均包含期望产出和非期望产出，在模型中能对好产出和坏产出进行区别对待，因此本书采用成刚（2014）推导的包含坏产出的 SBM 超效率模型，解决上述松弛改进、效率值最大为 1 以及坏产出问题，模型如式（5-1）所示：

$$\min \rho = \frac{1 + \frac{1}{m}\sum_{i=1}^{m}\frac{s_i^-}{x_{ik}}}{1 - \frac{1}{q_1 + q_2}\left(\sum_{r=1}^{q_1}\frac{s_r^+}{y_{rk}} + \sum_{t=1}^{q_2}\frac{s_t^-}{b_{rk}}\right)} \tag{5-1}$$

$$\text{s. t.} \sum_{j=1, j\neq k}^{n}\lambda_j x_{ij} - s_i^- \leqslant x_{ik} \tag{5-2}$$

$$\sum_{j=1, j\neq k}^{n}\lambda_j y_{rj} + s_r^+ \geqslant y_{rk} \tag{5-3}$$

$$\sum_{j=1, j\neq k}^{n}\lambda_j b_{tj} - s_t^{b-} \leqslant b_{tk} \tag{5-4}$$

$$1 - \frac{1}{q_1 + q_2}\left(\sum_{r=1}^{q_1}\frac{s_r^+}{y_{rk}} + \sum_{t=1}^{q_2}\frac{s_t^-}{b_{rk}}\right) > 0 \tag{5-5}$$

$\lambda, s^-, s^+ \geqslant 0, i=1,2,\cdots,m; r=1,2,\cdots,q; j=1,2,\cdots,n(j\neq k)$ (5-6)

其中，λ 是 DMU 的线性组合系数，x 为投入要素，y 为期望产出要素，b 为非期望产出要素，s^- 为投入松弛变量，s^+ 为产出松弛变量，k 是当前测算的城市的序号。n 个 DMU 有 m 种要素投入，q 种要素产出，即本书中 $n=28$，第一阶段 $m=3$ 且 $q=5$，第二阶段 $m=6$ 且 $q=2$。如 x_{ij} 表示第 j 个城市第 i 个投入变量，s_r^+ 表示第 r 种产出要素的松弛变量，b_{tk} 表示所测量的 k 城市的第 t 种非期望产出的投入松弛变量。

四、实证结果分析

采用 MaxDEA 软件对"2+26"个城市的大气污染效率（第一阶段）和大气污染治理效率（第二阶段）进行测算，2006~2020 年京津冀及周边地区大气污染效率和治理效率均值如表 5.2 所示。

表 5.2 2006~2020 年京津冀及周边地区大气污染效率和治理效率均值

城市	第一阶段效率值	第二阶段效率值	城市	第一阶段效率值	第二阶段效率值
安阳市	0.615	0.810	开封市	1.136	1.279
保定市	0.781	0.832	廊坊市	1.308	1.254
北京市	1.416	1.119	聊城市	0.913	0.838
滨州市	0.816	1.030	濮阳市	1.078	2.623
沧州市	1.012	1.136	石家庄市	0.925	0.845
德州市	0.893	0.992	太原市	0.900	1.430
邯郸市	0.755	0.689	唐山市	0.935	0.844
菏泽市	1.033	1.092	天津市	0.983	0.970
鹤壁市	1.294	1.191	新乡市	0.813	1.204
衡水市	1.391	1.110	邢台市	0.665	0.720
济南市	0.998	0.883	阳泉市	1.163	1.201
济宁市	0.901	0.835	长治市	0.966	1.180
焦作市	0.608	0.834	郑州市	0.755	0.861
晋城市	1.192	1.581	淄博市	0.775	0.671

从表5.2大气污染效率和大气污染治理效率的结果来看，第一阶段，可根据效率值将京津冀及周边地区大致划分成三类，第一类包括北京市、沧州市、菏泽市、鹤壁市、衡水市、晋城市、开封市、廊坊市、濮阳市和阳泉市10个地区，以上地区的投入产出效率均在1以上，其中，以北京市的投入产出效率最高，为1.416，其次是衡水市，效率值为1.391，沧州市是第一类中效率最低的地区，效率值为1.012。第二类包括济南市、天津市和长治市三个地区，这三个地区的投入产出效率虽然在1以下，但是要高于京津冀及周边地区的效率均值0.965。第三类包括安阳市、保定市、滨州市、德州市、邯郸市、济宁市、焦作市、聊城市、石家庄市、太原市、唐山市、新乡市、邢台市、郑州市和淄博市15个地区，以上地区投入产出效率均在1以下，其中，焦作市的投入产出效率最低，为0.608，唐山市的投入产出效率最高，为0.935。

第二阶段，以北京市、沧州市、菏泽市、鹤壁市、衡水市、晋城市、开封市、廊坊市、濮阳市、太原市、新乡市、阳泉市、长治市13个地区的治理效率最高，以上地区效率值均大于1且高于京津冀及周边地区治理效率的均值，其中，效率最高的为濮阳市，效率值为2.623，远超过其他地区，菏泽市的治理效率最低为1.092。滨州市治理效率为1.030，效率值虽大于1，但是低于京津冀及周边地区的平均值。第三类地区治理效率均小于1，包括安阳市、保定市、德州市、邯郸市、济南市、济宁市、焦作市、聊城市、石家庄市、唐山市、天津市、邢台市、郑州市和淄博市14个地区，其中，淄博市的治理效率最低，为0.671。

综合两个阶段来看，不同地区在第一阶段和第二阶段的效率值有明显差异。在“2+26”个城市中，安阳市、保定市、滨州市、沧州市、德州市、菏泽市、焦作市、晋城市、开封市、濮阳市、太原市、新乡市、邢台市、阳泉市、长治市和郑州市16个地区的第二阶段大气污染治理效率值高于第一阶段大气污染效率值。而北京市、邯郸市、鹤壁市、衡水市、济南市、济宁市、廊坊市、聊城市、石家庄市、唐山市、天津市和淄博市12个地区第一阶段大气污染效率值高于第二阶段大气污染治理效率值，说明这些地区第一阶段的产出与投入的比值相对较大。从计算结果来看，大气污染治理效率较高的地区多为经济发达地区或沿海城市，例如北京市、廊坊市等地区经济均较发达，经济发达地区大气污染治理手段相对较为先进，治理效率相对较高，而沧州市、滨州市等地均为沿海地区，这些降水量相对较多，治理难度相对较小。

第二节 京津冀及周边地区大气污染治理效率的影响因素

一、指标选取

借鉴李茜和姚慧琴（2018）、汪克亮等（2018）、何弦佳（2021）等多位专家学者的研究成果，再结合京津冀及周边地区的实际情况，本书从经济发展、产业结构、科技创新、对外开放、环境规制和空间集聚几个角度选取大气污染治理效率的影响因素，指标体系如表5.3所示。

表5.3 大气污染治理效率影响因素指标体系

指标	指标解释	符号	单位
经济发展	人均GDP	X1	万元/人
产业结构	第二产业和第三产业增加值占GDP比重	X2	%
科技创新	专利授权数量	X3	件
对外开放	外商直接投资占GDP比重	X4	%
环境规制	废气治理投资占GDP比重	X5	%
空间集聚	人口密度	X6	万人/平方千米

二、数据来源

本部分数据主要来源于2006～2020年《中国统计年鉴》、2006～2020年《中国城市统计年鉴》、中国经济信息网、eps数据库和部分城市的环境公报，其中少量的缺失值采用线性插值法补全。第二产业增加值和第三产业增加值分别用第二产业增加值指数和第三产业增加值指数平减，R&D 借鉴朱平芳和徐伟民（2003）采用的 R&D 支出价格指数 = 0.55 × 消费价格指数 + 0.45 × 固定资产投资价格指数进行平减处理，外商直接投资用国内生产总值指数进行平减。

三、模型构建

在上面大气污染治理效率部分，采用了超效率 DEA 模型，打破了效率值最大为 1 的界限，但是效率值大于 0 的数值，小于 0 没有意义。因此，对于大气污染治理效率的影响因素分析应采用因变量受限回归分析方法中的断尾回归分析，因变量的取值范围大于 0，即标准的 Ⅰ 型 Tobit 回归模型，如式（5－7）所示。

$$y^{*} = \beta x_i + u_i \tag{5-7}$$

$$y_i^{*} = \begin{cases} y_i, if\ y_i^{*} > 0 \\ 0, if\ y_i^{*} \leqslant 0 \end{cases} \tag{5-8}$$

其中，y_i^{*} 是潜在因变量，当其数值大于 0 时才能够被观察到，此时的取值为 y_i，小于等于 0 时在 0 处断尾；x_i 是自变量，β 是系数，随机扰动项 u_i 服从 $u_i \sim N(0,\sigma^2)$。

式（5－8）可以简化为以下形式：

$$y = \max(0, \beta x_i + u_i) \tag{5-9}$$

四、实证结果

对表中的数据取对数后，借助 Stata 软件，软件对“2＋26”个城市大气污染治理效率（第二阶段）的影响因素进行实证研究，根据豪斯曼检验判断采用随机效应模型。由于外商直接投资占 GDP 比重和环境污染治理投资占 GDP 比重两个变量没有通过显著性检验，故删除上述两个变量后进一步进行 Tobit 回归，2006～2020 年京津冀及周边地区大气污染效率和治理效率均值如表 5.4 所示。

表 5.4　　　　大气污染治理效率影响因素 Tobit 回归结果

指标	系数	标准误差	z 值	p 值
ln*X*1	0.3074	0.0727	4.23	0.000
ln*X*2	0.1887	0.0702	2.69	0.007
ln*X*3	0.1352	0.0302	4.48	0.000
ln*X*4	0.0187	0.0252	0.74	0.457
ln*X*5	0.0168	0.0147	1.14	0.253
ln*X*6	0.1988	0.1093	1.82	0.069
c	2.5257	0.5391	4.69	0.000

Tobit 回归结果显示，在大气污染治理效率的各影响因素中，根据程度判断依次为经济发展、空间聚集、产业结构和科技创新四个指标。（1）经济发展指标对大气污染治理的效率显著，说明经济的高质量发展和包容性绿色发展对京津冀及周边地区的大气防治起到了正向作用，一方面增加了政府对环保的宣传和投入，另一方面也增强了居民的环保意识和行为。（2）空间聚集即人口因素对于大气污染治理产生的正向影响显著，特别是京津地区招才引智计划的实施，周边省份也加强了人才资助力度，近年人口素质普遍提升，环保意识也出现了明显的加强。（3）产业结构在 1% 的水平上通过了显著性检验，与治理效率呈正相关，说明京津冀及周边地区根据区位禀赋条件提升产业分工层次、优化产业结构、改良空间布局的系列举措对于大气污染的防治取得显著的成效。（4）专利授权数量对在京津冀及周边地区大气污染的治理产生了显著的正向影响，说明科技创新成果逐渐赋能环境保护，转化为环保能力。（5）外商直接投资对大气污染治理效率没有产生显著的影响，说明目前京津冀及周边地区的经济发展在得益于外商投资的同时，生产和出口的产品中电子设备、普通机械设备等中等水平的资本密集型产品比例较大，上述产品相关的产业，有很大的污染排放强度。（6）环境规制的影响没有通过显著性检验，并不意味京津冀及周

边地区政府的环保措施不到位或者治理措施无效，主要是由于京津冀及周边地区已经不再仅依赖于政府环保补助来治理环境污染，而是鼓励企业通过自筹的方式增加环保投资，凸显引导全员参与环境治理、协同战胜空气污染这场攻坚战的决心。

第三节 本章小结

本章基于京津冀及周边“2+26”个地区2010~2020年的面板数据，首先构建大气污染物的产生阶段和大气污染物的治理阶段两阶段网络的DEA模型，进行大气污染治理效率的测算。通过两段超效率DEA模型对京津冀及周边地区的大气污染治理效率进行评价。其次运用Tobit回归模型对影响大气污染治理效率的因素进行了识别和分析。得出以下结论：第一，从大气污染效率及大气污染治理效率的结果来看，京津冀及周边地区大气污染治理效率整体较高但存在差异。北京市大气污染效率最高，而焦作市的大气污染效率最低；濮阳市大气污染治理效率远高于其他地区，而淄博市大气污染治理效率相对较低。综合来看，大气污染治理效率较高的地区多为经济发达地区或沿海城市，经济发达地区大气污染治理手段相对较为先进，治理效率相对较高，沿海地区降雨量相对较多，治理难度相对较小。部分经济发达地区及沿海地区受气候等因素的影响，大气污染治理效率偏高，如廊坊市、沧州市、滨州市等，而部分经济欠发达地区大气污染治理效率相对较低，如邯郸市。第二，经济发展、空间聚集、产业结构和科技创新四个指标在不同程度上促进了京津冀及周边地区大气治理效率的提升，外商直接投资和环境规制的影响并不显著。

第六章 京津冀及周边地区大气污染协同治理对策研究

06

基于前面对京津冀及周边地区“2 +26”市空间范围内的大气污染情况、大气污染预测、治理效率和影响因素的研究，为提升科学治理京津冀及周边地区大气治理效率措施的有效性，本章分别从政府管理、科研投入、经济发展三个层面出发，提出京津冀及周边地区大气污染协同治理对策。

一、政府管理层面

（一）加强政府引导

加强政府引导并建立完善的大气污染治理与监测机制。发挥政府“有形的手”作用，建立和完善法律法规和行之有效的措施。制定法规时，政府要综合考虑社会经济发展和环保的平衡，确保法规既具有可执行性，又不过于严苛，以避免对产业发展的不利影响。强化执法力度：建立健全执法机制，确保法规的执行。提高执法部门的技术水平，加大对违法行为的打击力度，以维护法治。

（二）优化产业与能源结构

政府在治理大气污染时，需要通过产业结构升级来降低对环境的压力，包括：引导绿色产业发展：通过财政、金融等手段，引导企业加大对环保技术研发和清洁生产的投入，推动绿色产业的发展；淘汰高污染企业：制定淘汰落后产能的政策，关闭或迁移高污染、高能耗的企业，减少污染源；支持清洁能源：鼓励发展清洁能源产业，减少对高污染能源的依赖，提高能源利用效率。

为实现低碳经济发展，需优化能源消费结构，减少对不可再生资源的依赖，推广清洁能源的使用。勇于摒弃依赖煤炭的单一能源结构，挖掘地方清洁能源潜力，提高清洁能源供应能力。政府应加速淘汰过时和高污染的工业企业，关闭不达标的小作坊，促进产业结构向低能耗、高效能、清洁环保转变。

地方政府可结合地区产业特性，优化企业群体，根据产业定位调整发展规模和结构，制定产业整治方案。按照“创建、改造、整合、淘汰”的策略，按照“标杆建设一批、改造提升一批、优化整合一批、淘汰退出一批”实施治理，增强产业结构的绿色化水平，保障环境保护与产业发展同步提升。

（三）实施严格的大气污染物排放标准

政府应制定和实施严格的大气污染物排放标准，包括科学依据的标准：依据科学研究确定大气污染物的排放标准，确保这些标准符合环境容量和人体健康保护的需求；差异化标准：根据不同行业、地区和季节的特点，制定差异化的排放标准，使其更切实可行；激励符合标准的企业：对达到或超过标准的企业给予奖励，鼓励企业自觉降低排放水平。

（四）强化大气污染源头管控

加强排放许可和检查制度。实施更为严格的排放许可证制度，要求所有污染源在运营前获得必要的环保许可，并定期接受审查。利用远程传感设备和网络技术对重点污染企业排放进行 24 小时监控，及时发现和处理违规排放问题。

促进污染控制技术推广。支持研发和使用先进的污染控制设备，如脱硫、脱硝和粉尘收集系统，降低企业对大气环境的影响。鼓励企业实施清洁生产审核，评估生产过程中的能源消耗和污染物排放，并积极采取节能减排措施。

提高企业环境责任。通过对企业绿色信贷、税收优惠和环保补贴等手段，激励企业减少污染物排放并承担环境责任。强化公众的环境监督作用，构建企业环境行为透明机制，通过环境信息公开制度提升企业的社会形象和市场竞争力。

（五）实施积极的产业转型升级政策

针对不同地区的情况，采取有针对性的政策措施，以降低大气污染物排放，促进绿色发展。在大气污染治理效率低的地区，设立绿色产业发展专项基金，通过政府设立基金，支持农村地区的绿色产业发展，还可用于技术研发、培训、设备更新等，以提升农村产业的环保水平；鼓励农村地区开展绿色农业生产。为农民提供技术培训和顾问咨询，推广有机农业和可持续农业模式，减少农业化学品的使用，降低农业大气污染物排放；促进生态旅游发展：挖掘地区自然和文化资源，提升地区知名度和吸引力，创造就业机会，推动旅游业绿色化发展。

在大气污染治理效率高的地区。建立绿色创新基金，设立专项基金，用于支持高科技研发，通过项目资助、税收优惠等方式，鼓励企业在绿色领域进行创新，提升产业技术含量；推动技术成果转化，设立技术转化中心，促进高校、科研机构研发成果的产业化，为企业提供技术转化咨询、知识产权保护等支持，加速绿色技术在产业中的应用；制定绿色产业政策导向，政府出台政策，加大对绿色产业的支持力度。通过减税、补贴等方式，鼓励企业投入绿色产业。

制定综合城市规划标准。在大气污染治理效率低的地区，建立综合城市规划标准，限制城市扩张，避免过度用地。确保城市发展与环境保护协调，强调生态恢复和可持续性发展。同时，在大气污染治理效率高的地区，制定智能城市建设路线图，推动数字化和智能化发展。

（六）推动高效的智能城市规划和建设

智能化优化城市布局。引入智能城市技术，通过数据分析和人工智能，优化城市布局和设施分布。在大气污染治理效率低的地区，提高土地利用率，鼓励多功能混合用地，减少不必要的能源消耗。在大气污染治理效率高的地区，建设智能交通系统，提高交通效率，减少交通拥堵和污染物排放。

智能能源管理与资源优化。在大气污染治理效率高的地区，推动智能能源管理系统的建设，实现能源的智能调度和优化利用。通过智能监测，及时发现和修复能源浪费，鼓励可再生能源的应用。在大气污染治理效率低的地区，通过技术创新，减少不必要的污染物排放。

数据共享与市民参与。建立数据共享平台，促进城市各部门之间的信息交流和协作。同时，鼓励市民参与城市规划和智能化建设，以获取居民的意见和需求，提升城市管理的透明度和民众满意度。

（七）实施差异化的人口和城市化政策

针对大气污染治理效率低的地区，鼓励农村人口向城市转移，政府可以通过提供优质公共服务来吸引人口向城市中心区聚集，从而减少居民的通勤距离和交通能源消耗。提供高品质的教育、医疗、文化等公共服务设施，使城市中心区成为人们生活的理想选择地。

对于大气污染治理效率高的地区，建议制定灵活的人口政策，以吸引高端人才的聚集。政府可以制定人才引进计划，为具有高技能、高知识背景的人才提供优惠政策。这有助于推动经济创新和科技进步，进一步提升大气污染治理效率。与此同时，加强城市规划，建设宜居环境也是关键。通过规划城市布局，提供绿地、文化设施、便捷交通等，可以降低居民的生活成本和大气污染物排放，促进城市的可持续发展。

需要强调的是，人口和城市化政策应该根据不同地区的实际情况进行灵活调整。政府可以根据大气污染治理效率的现状和发展需求，及时调整人口政策的目标和措施。同时，要充分考虑社会的多样性，确保政策的公平性和可行性。政策的制定和调整需要建立在充分的社会参与和专业分析的基础上，以实现人口和城市化的可持续发展和大气污染有效治理的目标。

二、科研投入层面

（一）加大研发投入

加大研发投入，加强大气污染治理相关技术的研究和开发。科技创新是第一生产力，通过技术手段来引领经济高质量发展，是降低大气污染、提高大气污染治理效率的重要保障。政府应加大对大气治理相关技术的研发和推广力度，鼓励科研机构和企业加强合作，开展相关技术的研究和开发。通过技术手段的革新，提高能源利用率，从而降低大气污染。此外，区域间要充分发挥人才优势与科技优势，加强区域间合作交流，促进科技成果运用到实际生产过程中去，做到减排与节能齐头并进。

（二）治理技术创新与转移支持

首先，政府应增加科研资金的投入，鼓励科研机构和高校开展相关研究，寻找解决大气污染问题的科学方法。此外，政府还可以设立专项基金，支持激励创新科研成果转化为实际应用，促进大气污染治理技术的推广和应用。其次，应加强大气污染治理相关研究的国内、国际合作。大气污染是一个全球性问题，涉及多个国家和地区。通过国际合作，可以分享经验、加强合作，共同应对大气污染挑战。各国之间应加强科研机构和高校的合作交流，开展联合研究项目，共同推动大气污染治理技术的发展。

建立技术创新评价体系。该体系可以从技术创新的前瞻性、可行性、环保效益等方面进行评估，为科研项目申请和资金分配提供依据。这有助于引导科研和创新资源更加聚焦于能够真正促进大气污染治理效率提升的领域，推动可持续发展。

大气污染治理要对污染源进行监测和评估，充分了解污染源的情况，才能有针对性地制定治理措施。建立完善的监测网络和数据库，加强大气污染对人类健康和环境的影响研究，为制定提出更科学有效的治理措施提供参考依据，推动可持续发展。

（三）完善和健全大气污染监测网络

提升监测站点精细化水平。在城市关键节点和敏感区域，如学校、医院、商业中心以及交通繁忙的路口，增设更多小型和移动监测站点，以实现更细致的空气质量监测。对已有监测站点进行技术升级，增强其监测大气污染的分析能力，包括细颗粒物（如 PM2.5、PM10）、有害气体（如 SO_2、NO_2、O_3）等多种污染物的实时监测和记录。

结合先进的监测技术。利用无人机携带的传感器进行高空污染监测，以更好地理解和评估污染物扩散和浓度变化。结合卫星遥感技术，相对于地面监测提供宏观视角，用于监测大范围的污染物分布和变动趋势。

数据管理与共享。建立统一的大气污染数据库，集成来自不同监测站点的数据，确保信息实时更新和准确性。发展开放的数据共享平台，向研究机构、民间组织和公众提供访问权限，以便开展环境研究和公众教育。

（四）开展大气污染预测研究与应用

提高预测模型的精准度。融合气象数据、交通流量、工业活动记录以及历史污染数据，构建多参数的大气污染预测模型。利用人工智能和机器学习技术，对大量环境数据进行深度分析，提升预测模型的时空分辨率和预报精度。

加强区域污染事件的预测与应对。结合区域气象模式和污染物排放清单，进行区域性的大气污染传输和扩散模拟，预测可能的污染事件。根据预测结果制定应急预案，包括机动车限行、工厂停产等应对措施，减轻污染程度，保护公众健康。

三、经济发展层面

（一）推进经济社会发展全面绿色转型

在提升大气污染物控制的同时，推动生态环境质量的持续改善，并持续提升生态系统的质量和稳定性。需要综合考虑减少污染物排放的同时，增强生态保护的能力，这样可以实现双重效果：减少污染的同时，增强自然环境净化和恢复能力。

政府和企业应共同努力，逐步减少高污染和高消耗的产业活动，通过政策引导和技术创新促进产业向环保和可持续的方向转型。统筹推进做大生态保护的分母、减小污染物总量的分子，协同推进污染减排，以生态环境高水平保护倒逼经济高质量发展，建立健全绿色低碳循环发展经济体系，从源头上牵引带动经济社会发展全面绿色转型。例如，在新建项目评估和批准过程中，要求更加严格的环保标准，并根据地区资源和产业优势，培育发展新的绿色产业集群，从而推动经济和社会的全面绿色转型。

（二）完善大气污染税收机制

征收环境保护税是完善能源价格形成机制的主要手段。环保部门与税务部门进行对接、相互合作，严格测定污染排放量，并严谨对待税额的核定和征收。未来京津冀及周边地区应适当寻求突破，与时俱进，不断调整征收大气污染税收机制，制定合理的污染企业进行免税政策，以此减轻对大气环境的污染。

（三）加大环保资金投入

加大环保资金投入，从资金投入上支持大气污染治理。对于排放废弃的中小企业，提高对其的绿色投入，增强中小企业的绿色技术创新能力。绿色资金帮助中小企业引进新的技术手段进行转型升级，从而控制中小企业的污染排放规模，减少污染物排放的可能性。加强对节能环保产业的资金支持力度，增强节能环保产业的底气，削弱高污染产业的发展势头。

（四）预留大气污染防治资金

京津冀及周边地区应预存一定额度的大气污染防治资金，用于支持大气污染防治任务的加重区域，如北方地区的冬季清洁取暖，对氢氟碳化物的销毁处置，应对突发污染物排放，以及对需要重点防治的污染产业进行投入，帮助其更换设备、引进人才、学习技术，从而减少大气污染物排放量。

参考文献

[1] 贝浩平. 京津冀能源碳排放与区域经济增长关联性分析 [D]. 天津: 天津财经大学, 2017.

[2] 卜祥宇, 刘万康, 朱鹏艳, 等. 清洁能源开发利用对于实现可持续发展的研究 [J]. 能源与环保, 2018, 40 (2): 38 - 42.

[3] 曹正旭, 董会忠, 李旋. 经济增长与碳排放脱钩效应时空异质性及驱动因素分析——以东北三省为例 [J]. 城市, 2020 (10): 12.

[4] 柴发合. 中国未来三年大气污染治理形势预判与对策分析 [J]. 中国环境监察, 2019 (1): 29 - 31.

[5] 陈奋宏. 非期望产出视角下农村环境治理效率评价及影响因素分析——以甘肃省渭源县为例 [J]. 甘肃农业, 2021 (2): 45 - 48.

[6] 陈佳. 济南市空气质量分析及预测研究 [D]. 桂林: 广西师范大学, 2023.

[7] 陈金车, 迪里努尔·牙生, 王田宇, 等. 基于机器学习的长沙市空气污染物浓度预报研究 [J]. 环境保护学, 2022, 48 (4): 103 - 112.

[8] 成刚. 数据包络分析方法与 MaxDEA 软件 [M]. 北京: 知识产权出版社, 2014: 99.

[9] 邓倩. 城市生态环境分析与雾霾成因 [J]. 科学大众 (科学教育), 2014 (9): 164.

[10] 都沁军, 李娜. 城市工业大气污染治理效率及动态分析——基于三阶段超效率 SBM - DEA 模型 [J]. 河北地质大学学报, 2022, 45 (5): 104 - 112.

[11] 段娟. 新时代中国推进跨区域大气污染协同治理的实践探索与展望 [J]. 中国井冈山干部学院学报, 2020, 13 (6): 45 – 54.

[12] 段永蕙, 郑琦. 山西省城市环境治理效率评价及影响因素研究 [C]. 中国环境科学学会2021年科学技术年会论文集, 2021: 238 – 244.

[13] 冯冬. 京津冀城市群碳排放: 效率、影响因素及协同减排效应 [D]. 天津: 天津大学, 2020.

[14] 盖美, 曹桂艳, 田成诗, 等. 辽宁沿海经济带能源消费碳排放与区域经济增长脱钩分析 [J]. 资源科学, 2014, 36 (6): 1267 – 1277.

[15] 高旭阔, 苏诗钦. 公众参与对我国大气污染治理效率的影响研究 [J]. 经营与管理, 2023 (2): 135 – 143.

[16] 官丽丽. 产业结构、能耗结构与碳排放的关系 [D]. 天津: 天津财经大学, 2015.

[17] 郭际, 吴先华, 陈玉凤. 雾霾排放效率评估的二阶段 DEA 模型的构建及实证 [J]. 中国软科学, 2020 (10): 184 – 192.

[18] 郭施宏, 吴文强. 中国大气污染治理效率与效果分析——基于超效率 DEA 与联立方程模型 [J]. 环境经济研究, 2017 (2): 108 – 120.

[19] 郭玉伟. 我国经济—环境系统的绩效评价方法研究 [D]. 哈尔滨: 哈尔滨工业大学, 2014.

[20] 何弦佳. 我国环境治理效率评估及其影响因素分析 [D]. 广州: 广东省社会科学院, 2021.

[21] 洪全. 重庆市能源消耗与大气污染关系探讨 [J]. 重庆师范学院学报 (自然科学版), 2003 (1): 51 – 53.

[22] 洪永淼, 汪寿阳. 大数据、机器学习与统计学: 挑战与机遇 [J]. 计量经济学报, 2021, 1 (1): 17 – 35.

[23] 季恩泽. 基于 EEMD – GRU 的大气污染情况预测方法研究及应用 [D]. 重庆: 重庆大学, 2020.

[24] 贾倩, 叶长盛. 中国35个大中城市建设用地结构与空气质量的典型相关分析 [J]. 中国农学通报, 2019, 35 (25): 84 – 93.

[25] 贾艳青, 兰杰, 刘秀丽. 山西省大气污染特征及对公众健康的

空间影响［J］. 中国环境监测，2023，39（6）：78－89.

［26］江玲. 京津冀地区能源消费结构与碳足迹分析［D］. 天津：天津大学，2016.

［27］蒋锋，张文雅. 机器学习方法在经济研究中的应用［J］. 统计与决策，2022，38（4）：43－49.

［28］金亭，赵玉丹，田扬戈，等. 大气污染物排放量与颗粒物环境空气质量的空间非协同耦合研究——以武汉市为例［J］. 地理科学进展，2019，38（4）：612－624.

［29］荆奇. 低碳经济背景下的新能源开发和利用［J］. 中国石油和化工标准与质量，2022，42（24）：116－118.

［30］敬莉，杨艳凤. 双循环新发展格局下沿边省区经济增长动力转换研究——基于机器学习随机森林算法［J］. 天津商业大学学报，2021，41（6）：28－37.

［31］孔少飞. 大气污染源排放颗粒物组成、有害组分风险评价及清单构建研究［D］. 天津：南开大学，2012.

［32］雷社平，余婷婷. 我国省际环境污染治理效率及其影响因素分析［J］. 经济论坛，2019（4）：27－34.

［33］李飞，董珑，孔少杰，等. 我国省域 CO_2－PM（2.5）－O_3 时空关联效应与协同管控对策［J］. 中国环境科学，2023，43（12）：6246－6260.

［34］李茜，姚慧琴. 京津冀城市群大气污染治理效率及影响因素研究［J］. 生态经济，2018，34（8）：188－192.

［35］李瑞彩. 京津冀碳排放影响因素分解分析及对比研究［D］. 石家庄：河北地质大学，2016.

［36］林丽衡，邱志诚. 大气环境监测中大数据解析技术应用研究［J］. 清洗世界，2023，39（11）：145－147.

［37］林琼，程莉，文传浩. 中国城市环境治理效率的时空格局及影响因素［J］. 城市学刊，2022，43（1）：12－20.

［38］刘海猛，方创琳，黄解军，等. 京津冀城市群大气污染的时空特征与影响因素解析［J］. 地理学报，2018，73（1）：177－191.

[39] 刘建猛．基于碳排放的京津冀产业结构调整研究 [D]．秦皇岛：燕山大学，2016.

[40] 刘梦炀，武利娟，梁慧，等．一种高精度 LSTM - FC 大气污染物浓度预测模型 [J]．计算机科学，2021，48 (S1)：184 - 189.

[41] 刘张强，马民涛，朴锦泉．灰色理论模型在河北省大气环境质量预测中的应用 [J]．四川环境，2016，35 (1)：50 - 54.

[42] 罗明雄．环境监测在大气污染治理中的应用研究 [J]．黑龙江环境通报，2023，36 (8)：48 - 50.

[43] 马民涛，孙磊，韩松，等．空间统计分析集成技术及其在区域环境中的应用 [J]．北京工业大学学报，2010，36 (4)：511 - 516.

[44] 马瑛琪，武以敏．京津冀地区大气治理的财税政策效果分析 [J]．宿州学院学报，2018，33 (5)：23 - 29.

[45] 齐绍洲，林屾，王班班．中部六省经济增长方式对区域碳排放的影响——基于 Tapio 脱钩模型、面板数据的滞后期工具变量法的研究 [J]．中国人口·资源与环境，2015，25 (5)：59 - 66.

[46] 盛笠．长江沿岸排放对长三角空气质量影响研究 [D]．南京：南京信息工程大学，2022.

[47] 宋国君，钱文涛．实施排污许可证制度治理大气固定源 [J]．环境保护与循环经济，2016，36 (9)：18 - 22.

[48] 孙猛．经济增长视角下的中国碳排放及减排绩效研究 [D]．长春：吉林大学，2014.

[49] 谭键良．城市大气污染的成因及治理对策 [J]．化工设计通讯，2018，44 (6)：235.

[50] 唐晓城．基于 BP 神经网络改进算法的大气污染预测模型 [J]．河南科技学院学报 (自然科学版)，2018，46 (1)：74 - 78.

[51] 汪淳，祝慧丽，罗媛．江苏区域大气污染治理效率评价研究 [J]．经济研究导刊，2018 (8)：71 - 73.

[52] 汪克亮，刘悦，杨宝臣．京津冀城市群大气环境效率的地区差异、动态演进与影响机制 [J]．地域研究与开发，2019，38 (3)：135 - 140.

[53] 汪克亮，史利娟，刘蕾，等. 长江经济带大气环境效率的时空异质性与驱动因素研究 [J]. 长江流域资源与环境，2018，27 (3)：453－462.

[54] 汪小寒，张燕平，赵姝，等. 基于动态粒度小波神经网络的空气质量预测 [J]. 计算机工程与应用，2013 (6)：1553－1558.

[55] 王长春. 大气污染与经济增长关系的文献综述及对策研究 [J]. 时代金融，2018 (23)：245，248.

[56] 王丹丹. 中国省际大气污染排放效率及其影响因素研究 [D]. 淮南：安徽理工大学，2017.

[57] 王德羿，王体健，韩军彩，等. "2＋26" 城市大气重污染下PM2.5来源解析 [J]. 中国环境科学，2020，40 (1)：92－99.

[58] 王凤婷，方恺，于畅. 京津冀产业能源碳排放与经济增长脱钩弹性及驱动因素——基于Tapio脱钩和LMDI模型的实证 [J]. 工业技术经济，2019，38 (8)：32－40.

[59] 王慧丽，胡素，赵芸. 基于DEA模型的大气环境治理绩效评价及影响因素分析 [J]. 环境与发展，2018 (11)：6－8，15.

[60] 王立刚，张希，李瑞. 我国大气污染治理考核制度有效性及治理效率研究 [J]. 系统工程理论与实践，2023，43 (8)：2195－2207.

[61] 王孟飞. 河南省大气污染物对心脑血管疾病门诊量影响研究 [D]. 郑州：郑州大学，2022.

[62] 王旭坪，于秀丽，王天腾. 基于集成学习策略的化工园区大气污染影响预测 [J]. 运筹与管理，2021，30 (11)：127－134.

[63] 王尧. 京津冀经济增长与碳排放脱钩效应研究 [D]. 天津：天津理工大学，2019.

[64] 魏峰，张晴. 低碳背景下中国废气污染治理投资效率及影响因素研究 [J]. 大连大学学报，2023，44 (3)：42－53.

[65] 魏月娥，边彦铭，倪丽霞，等. 降水量对空气质量影响研究 [J]. 宁夏工程技术，2020，19 (3)：217－222.

[66] 吴昊. 改进的遗传算法和BP神经网络在大气质量评价及预测中的应用研究 [D]. 南京：南京信息工程大学，2012.

[67] 肖玉洁．基于分解集成和模糊理论的综合大气污染物浓度预测研究 [D]．武汉：中南大学，2022.

[68] 辛若波．基于遗传优化和贝叶斯正规化神经网络的空气质量预测研究 [D]．济南：山东大学，2013.

[69] 邢华，邢普耀，姚洋涛．京津冀区域大气污染的纵向嵌入式治理机制研究——交易成本的视角 [J]．天津行政学院学报，2019，1 (1)：3 -11.

[70] 杨帆．人类命运共同体视域下的全球生态保护与治理研究 [D]．长春：吉林大学，2020.

[71] 叶菲菲，杨隆浩，王应明．大气污染治理效率评价方法与实证 [J]．统计与决策，2021，37 (10)：32 -36.

[72] 于宾．环境空气监测技术在大气污染治理中的重要性分析 [J]．皮革制作与环保科技，2023，4 (20)：105 -107.

[73] 张明斗，李学思．黄河流域市域大气污染治理效率的空间关联网络及其驱动因素 [J]．经济地理，2023，43 (8)：62 -72.

[74] 张宁．京津冀地区碳排放与经济增长关系的统计分析 [D]．北京：首都经济贸易大学，2016.

[75] 张月，王凤，吴燕杰．环境保护税对大气污染治理的政策效果评估——以 283 个地级市大气污染治理效果为例 [J]．税务研究，2023，(1)：43 -44.

[76] 张中祥，曹欢．“2 +26” 城市雾霾治理政策效果评估 [J]．中国人口·资源与环境，2022，32 (2)：26 -36.

[77] 赵斌．华北地区大气污染源排放状况研究 [D]．北京：中国气象科学研究院，2007.

[78] 赵立祥，赵蓉．经济增长、能源强度与大气污染的关系研究 [J]．软科学，2019，33 (6)：60 -66，78.

[79] 赵煜，钟添添．基于 DEA 方法的甘肃省大气污染治理效率评价 [J]．邵阳学院学报 (自然科学版)，2018，15 (3)：71 -81.

[80] 郑石明，罗凯方．大气污染治理效率与环境政策工具选择——

基于29个省市的经验证据［J］．中国软科学，2017（9）：184－192.

［81］郑雨嘉．清洁能源开发利用对于实现可持续发展的意义［J］．活力，2023（10）：184－186.

［82］周彦楠，杨宇，程博，等．基于脱钩指数和LMDI的中国经济增长与碳排放耦合关系的区域差异［J］．中国科学院研究生院学报，2020，37（3）：295－307.

［83］周艺颖．基于DEA方法的区域大气污染治理效率评价研究［J］．节能，2020，39（5）：141－142.

［84］朱平芳，徐伟民．政府的科技激励政策对大中型工业企业R&D投入及其专利产出的影响——上海市的实证研究［J］．经济研究，2003（6）：45－53，94.

［85］朱文晶，刘冠权，杨雨霖．济南市空气质量变化特征及影响因素分析［J］．鲁东大学学报（自然科学版），2023，39（4）：294－302.

［86］祝媛．小波分析与混沌理论在大气环境质量预测中的研究［D］．绵阳：西南科技大学，2014.

［87］Andersen P，Petersen N C. A procedure for ranking efficient unitsw in data envelopment analysis［J］. Management Science，1993，39（10）：1261－1264.

［88］Asadollahfardi G，Zangooei H，Aria S H. Predicting PM2. 5 concentrations using artificial neural networks and Markov chain，a case study Karaj City［J］. Asian Journal of Atmospheric Environment，2016，10（2）：67－79.

［89］Bandyopadhyay S，Shafik N. Economic growth and environ-mental：time series and cross-country evidence［R］. World Bank：Background Paper for Word Development Report，1992.

［90］Bart D. O. The effects of air pollution on work loss and morbidity［J］. Journal of Environmental Economics and Management，1983，10（4）：371－382.

［91］Berkowitz M，Johnson W G. Health and labor force participation［J］. Journal of Human Resources，1974，9（1）：117.

[92] Grossman G M, Krueger A B. Environmental Impacts of a North American Free Trade Agreement [J]. CEPR Discussion Papers, 1992, 8, (2): 223 -250.

[93] Heydari A, Nezhad M M, Garcia A D, et al. Air pollution forecasting application based on deep learning model and optimization algorithm [J]. Clean Technologies and Environmental Policy, 2021, 24 (2): 1 -15.

[94] Jiao Guo, Jian Li. Efficiency evaluation and influencing factors of energy saving and emissionreduction: Anempirical study of China's three major urban ag glomerations from the perspective of environmental benefits [J]. Ecological Indicators, 2021, 133 (108410).

[95] Jusong K, Xiaoli W, Chollyong K, et al. Forecasting air pollutant concentration using a novel spatiotemporal deep learning model based on clustering, feature selection and empirical wavelet transform [J]. The Science of the Total Environment, 2021.

[96] Kim Y, Manley J, Radoias V. Medium-and long-term consequences of pollution on labor supply: evidence from Indonesia [J]. Iza Journal of Labor Economics, 2017, 6 (1): 5 -11.

[97] Liang M, Chao Y, Tu Y, et al. Vehicle Pollutant Dispersion in the Urban Atmospheric Environment: A Review of Mechanism, Modeling, and Application [J]. Atmosphere, 2023, 14 (2): 279.

[98] Ma Q, Tariq M, Mahmood H, et al. The nexus between digital economy and carbon dioxide emissions in China: The moderating role of investments in research and development [J]. Technology in Society, 2022, 68: 101910.

[99] Mathis P, Stéphane J, Jérôme J, et al. A Lattice-Boltzmann-based modelling chain for traffic-related atmospheric pollutant dispersion at the local urban scale [J]. Building and Environment, 2023, 242.

[100] Mekparyup J, Saithanu K. Application of Artificial Neural Network Models to Predict the Ozone Concentration at the East of Thailand [J]. International Journal of Applied Environmental Sciences, 2014, 9 (4): 1291 -1296.

[101] Moustris K, Larissi I, Nastos P T, et al. 24-Hours Ahead Forecasting of PM10 Concentrations Using Artificial Neural Networks in the Greater Athens Area, Greece [C] //Advances in Meteorology, Climatology and Atmospheric Physics. Springer Berlin Heidelberg, 2013: 1121 - 1126.

[102] Rangel M A, Sharpe T, McGill G, et al. Indoor Air Quality and Thermal Environment Assessment of Scottish Homes with Different Building Fabrics [J]. Buildings, 2023, 13 (6).

[103] Saeed K, Milad A, Reza R, et al. Machine learning-based white-box prediction and correlation analysis of air pollutants in proximity to industrial zones [J]. Process Safety and Environmental Protection, 2023, 1009 - 1025.

[104] Siyuan W, Ying R, Bisheng X, et al. Prediction of atmospheric pollutants in urban environment based on coupled deep learning model and sensitivity analysis [J]. Chemosphere, 2023.

[105] Tone K. A slacks-based measure of efficiency in data envelopment analysis [J]. European Journal of Operational Research, 2001, 130 (3): 498 - 509.

[106] Wang K L, Miao Z, Zhao M S, et al. China's provincial total-factor air pollution emission efficiency evaluation, dynamic evolution and influencing factors [J]. Ecological indicators, 2019, 107: 105578.